엄마들만 아는 세계

정신건강의학과 전문의
정우열 지음

엄마들만 아는 세계

내 마음과 상대방의 마음
불편해지지 않는
엄마 관계 심리서

정신건강의학과
전문의
정우열 지음

서랍의날씨

PROLOGUE

엄마들만 아는 세계에서,
엄마들만 겪는 관계를 말하다

나는 첫째 출생 직후 1년의 전업 육아 기간을 거쳐 지금까지 9세, 10세 두 아이의 주 양육자로 살며 엄마들의 삶을 매일 경험하고 있다. 또한 진료실에서는 엄마들의 개인 상담을 진행하면서 다양한 엄마들의 고민들을 마주한다. 매일 엄마들의 삶을 접하면서 직접 경험하지 못하면 이해하지 못하는 힘든 경험이 바로 엄마의 삶이라는 걸 알게 되었다. 그 삶은 너무 복잡해 한마디로 축약해 표현할 수조차 없다.

그런데 상담을 하다보면 엄마 개인의 마음을 묵직하게 짓누르고 있는데도, 깨닫지 못하거나 뒷전으로 밀리는 문제가 있었다. 그것은 바로 상담 초기엔 잘 드러나지 않지만 점점 표면위로 드러나는, 갈등의 핵심인 '관계의 문제'다.

이렇듯 육아 고충은 알고 보면 인간관계의 고충인 경우가 많다. 인간관계는 나와 남의 관계이다. 다른 엄마들과의 관계, 내 아이와의 관계, 부부관계, 양가 부모와의 관계 등등. 엄마들은 문제가 생길 때마다 나보다 남을 더 이해하려고 노력한다. 아이를 이해하려 하고, 다른 엄마들을 이해하려 하고, 나 아닌 남편이나 가족을 이해하려고 한다. 하지만 인간관계로 힘들다는 건, 결국 나 자신과의 관계가 소원하고 자연스럽지 않은 경우가 많다.

이 책은 엄마들과의 관계, 아이와의 관계, 나와의 관계에서 각각 상반된 경우를 예로 들어 그 이면의 심리를 두루 살펴볼 수 있도록 구성했다. 우선 나와 비슷한 경우를 통해 내 마음을 살펴볼 수 있으면 좋겠다. 그리고 나와 다른 경우를 통해서는 그 사람의 마음이 아닌, 그 사람에 대한 내 마음을 살펴볼 수 있으면 좋겠다.

마지막으로 나와 여러 권의 책을 함께 작업했고, 이번에도 좋은 책을 만들어준 '엄마 심리 전문 기획편집자' 윤수진 디렉터님께 감사의 인사를 드린다.

육아빠
정우열

CONTENTS

CHAPTER 01.
나와 스타일이 다른 '엄마들과의 관계'

CHAPTER 02.
나와 상황이 다른 '엄마들과의 관계'

CHAPTER 03.
나와 다른 '내 아이와의 관계'

CHAPTER 04.
엄마로 사는 '나와의 관계'

CHAPTER 01.

나와 스타일이 다른

×

엄마들과의
관계

01.

이성적이고 소신 있는 엄마

×

감성적인 엄마

"나와 같은 방식으로 세상을 보지 않는다는 이유로 상대방을 비난하기보다 자신의 약한 부분을 바라보고 인정한다."

서로 달라서 부딪히는 엄마들

생각을 많이 하는 엄마와 자신의 느낌대로 행동하는 엄마는 서로에게 영향을 준다. 때로는 이유도 모른 채 서로 트러블을 일으키기도 하고, 서로 잘 맞지 않는다는 느낌을 왠지 모르게 자주 받는다.

이성적이고 냉철한 엄마

지원 엄마는 매사에 이성적이고 원칙적인 사람이다. 똑 부러지게 업무를 처리해 회사에서도 실력을 인정받는 엘리트였다. 게다가 원칙대로 행동하고 책임감도 강해서 주변 사람들로부터 빈틈없다는 평가를 받아왔다. 그런데 아이를 키우면서 많은 것이 흔들리기 시작했다. 특히 프라이드라고 생각했던 부분에 금이 가기 시작했다. 지원이가 유치원에 다니고, 유치원 엄마들을 만나면서 그 느낌은 더욱 강해졌다.

일례로 유치원 엄마들과 이야기를 나누면 불편한 감정이 들었다. 특히 유치원 운영과 담임선생님 관련된 이야기를 할 때 좋지 않은 감정이 드러나곤 했다. 다른 엄마들의 감정적인 행동이 이해가 안 될 뿐더러 못마땅했다. 유치원 운영에는 나름의 원칙이 있을 것이고, 우리 아이와 직결된 문제지만 좀 더 멀리 보고 객관적으로 판단하고 행동해야 한다고 생각했다. 그런데 소신 있게 이야기하면 왠지 모르게 반응이 싸늘하다는 느낌이 들었다. 자신의 말이 맞는 것 같은데도 말이다.

한번은 아이들을 등원시키고 나서 유치원 엄마들과 카페에 모였을 때다. 희연 엄마가 지원 엄마 성격이 너무 차갑다는 식으로 이야기하는 것이다. 그 말에 "어머~ 내가 차갑다니 말도 안 돼" 하면서 웃으며 받아쳤는데, 애들을 재우고 나서 잠자리에 들자 그 말이 자꾸 떠올랐다. 그 자리에서 자신의 마음을 속이고 불편한 감정을 제대로 표현하지 않은 것도 후회스럽고 은근 짜증도 났다.

그 이후에도 희연 엄마는 만날 때마다 그때와 비슷한 말과 행동을 했지만, 지원 엄마는 내색도 하지 못하고 마음에만 담아두었다. 그러다 결국, 다른 엄마들과 함께 있는 데서 언성을 높이고 화까지 내고 말았다. 차분하고 이성적인 모습은 온데간데없이 평소와는 다른 모습을 보였다.

자신의 행동에 다른 엄마들이 무척 당황해했고, 희연 엄마 역시 놀라 미안하다고 사과했지만 그 사건 이후 지원 엄마는 너무 힘들었다. 지금까지 지켜온 합리적이고 이성적인 이미지가 한순간에 무너진 것 같아 견딜 수 없이 괴로웠다.

감성적이고 따뜻한 엄마

희연 엄마는 지원 엄마가 마음에 들지 않는다. 만날 때마다 느끼는 건데, 지원 엄마는 너무 까다롭고 원칙만 따진다. 찔러도 피 한 방울 안 나올 것 같이 냉랭한 성격이 너무 부담스럽다. 엄마들끼리 만나면 편하게 이야기를 나누고 웃고 떠드는 게 전부 아닌가. 그게 엄마들의 소소한 즐거움인데 지원 엄마가 끼면 별것도 아닌 것을 학술토론 하듯 심각하게 받아들이는 게 정말 지루하고 재미없다.

혹시 자신이 예민한 성격이라서 그런가 싶지만, 다른 엄마들도 지원 엄마를 불편해하는 것 같은 느낌이다. 아무리 그래도 지원 엄마보다야 자신이 따뜻한 사람이라는 확신마저 든다. 내가 예민해서 그런 게 아니라는 결론을 내고 나니 마음이 조금 편해졌다.

수많은 감정을 흑백으로 나누고 생각하는 엄마들

지원 엄마 같은 스타일은 느끼기보다는 주로 '생각'을 하는 유형이다. 생각하는 엄마들은 무의식적으로 감정을 열등한 것으로 여긴다. 심지어 감정을 위험한 것으로 치부할 때도 있다. 그 이유는 감정 기능이 상대적으로 덜 발달했기 때문이다. 숨기고 싶은 부분이라 은연중에 자신의 감정 기능을 제한하고 가두어 놓는다. 그럴수록 감정을 느끼더라도 감정에 대한 반응도 느리다.

그동안 희연 엄마의 거슬리는 말들을 순간순간 이성의 힘으로 잘 넘겼지만, 시간이 지날수록 무의식적으로 복잡한 내면의 반응이 나타나면서 불쾌한 감정이 서서히 몰려들었던 것이다.

덜 발달한 감정 기능은 느릴 뿐 아니라 수많은 감정을 흑백으로 나누기도 한다. 좋고 싫은 것과 사랑과 미움이 지나치게 분명하다. 자신의 감정에 한번 거슬린 사람은 맹목적으로 덮어놓고 싫어진다.

생각하는 엄마의 경우 감정은 느리게 반응하지만, 한 번 반응하면 그 감정이 자신과 다른 사람과의 관계에 미치는 파괴력은 강하다. 다른 엄마들과의 관계에서 객관적이고 합리적으로 상황을 판단함에도 불구하고, 사적인 감정에 휩쓸리는 순간 감정이 폭발하면서 평소에 잘 유지해온 냉철한 이미지가 한순간에 무너질 수 있는 것이다.

느끼는 엄마들

희연 엄마처럼 생각하기보다 느끼는 사람은 마음이 따뜻하다는 말을 많이 듣는다. 외향적인 경우, 상대방의 감정에 잘 공감하고 분위기를 잘 띄운다. 내향적인 경우, 겉으로 표현을 많이 하지는 않지만 자기 감정을 잘 느끼고 상대에게 조용하지만 깊게 공감하기도 한다. 하지만 생각하는 기능은 잘 발달되지 않아 열등한 편이다. 그래서 스스로 생각하는 기능을 무의식에 가두곤 한다.

따라서 느끼는 엄마는 생각하는 것을 잘 못 하고, 나아가 생각하는 사람조차 싫어한다. 생각하는 사람이 숨기고 싶은 무의식을 자꾸 건드리기 때문이다. 그래서 희연 엄마는 지원 엄마처럼 시시콜콜 따지고 분석하는 엄마가 가장 싫다. 때때로 엄마들 모임에서 지원 엄마의 주도 아래 토론이 벌어지면 관심이 없어진다. 재미있는 이야기로 화제를 돌릴 틈만 호시탐탐 엿본다.

자신의 약한 부분을 인정하기

엄마들 사이에서 생각하고 느끼는 방식 차이를 인식하지 못한 나머지, 상대가 나와 같은 방식으로 세상을 보지 않는다는 이유로 갈등을 겪는 경우가 많다. 더구나 자신이 잘하는 부분이 아니라서, 무의식에 가두어둔 반대 측면 기능을 다른 엄마에게 투사하고 상대방의 스타일을 무시하거나 비난한다. 그럴수록 관계는 점점 엉망이 되고, 관계에서 일어나는 갈등을 통해 자신에 대해 더 깊게 이해할 수 있는 기회를 잃어버린다. 점점 더 편협한 사람이 되어가는 것이다.

결국 옳고 그른 게 아니라 관점이 다르다는 것을 알고 상대방의 방식을 존중하려는 노력이 필요하다. 또한 상대방에 대해 불쾌한 감정이 생길 때마다, 상대를 비난하거나 피하기보다 자기 안에 내재한 무의식의 열등 기능이 드러난다는 사실을 깨닫는 것이 중요하다. 그런 상황에 처할 때마다 무의식의 복잡한 작용을 의식화하기 위한 노력이 필요하다.

나와 너무 달라서 불편한 사람을 마주할 때, 그 사람의 특성이 아닌 내 마음에 집중해보자. '저 사람은 왜 저렇게 행동할까?'가 아니라 '저 사람의 행동에 대해 왜 나는 이렇게 반응할까?'라는 질문을 던지는 습관을 가져보자. 내 마음과 조금씩 가까워지며 관계가 편해지는 신기한 경험을 하게 될 것이다.

02.

연락 자주 하는 엄마

×

연락 안 하는 엄마

"관계 속에서의 심리적 갈등은 양면이 있다.
그 순간에는 괴롭지만, 이전에는 인식하지 못했던
나에 대해 깨닫는 기회가 된다."

적당히 가까운 사이, 엄마 관계

엄마들과 관계를 맺다보면 직접 만날 일도 많아지지만, 특히 개인톡 및 단체톡을 통해 대화할 일이 많아진다. 어린이집, 유치원을 거쳐 초등학교로 진학하며 연락하고 지내는 엄마들도 많아지고, 그만큼 단톡방도 하나둘 늘어난다. 아이가 아무 기관도 다니지 않아 혼자 고독하게 아이를 키우던 시절을 지나, 새로운 엄마들과 관계를 하나둘 맺어갈 때에는 육아라는 외롭고 어두운 터널 속에서 한줄기 빛을 발견한 느낌이 들기도 한다. 하지만 점점 관계가 많아지고 깊어지면서, 엄마 개인마다 심리적 안전거리가 달라 크고 작은 갈등이 생겨나고 새로운 고민거리가 쌓인다.

안전거리가 가까운 엄마는 거침없이 들이댄다

이준이 엄마는 아이를 등교시킨 뒤, 카톡방 목록을 보며 개인 및 단체창에 소소한 말을 건네는 게 루틴한 일과이다. 원래 말하기를 좋아하기도 하고, 남의 일에 관심도 많아서 늘 궁금한 게 많다. 어느 날 이준이가 새 학년이 되어 친해진 민석이와 놀이터에서 놀기로 약속을 잡았다고 하기에, 그 친구 아파트 놀이터로 데려다주었다. 마침 놀이터에 민석이 엄마도 나와 인사를 시작으로 대화를 나누었다. 이준이 엄마는 평소 민석이에 대해 많이 들었던 터라 민석이 집에 대해 궁금한 게 많았다. 초면임에도 불구하고 개인적인 질문들을 이어갔다.

"민석이는 평일에도 아빠랑 보내는 시간이 많고 주말마다 여행을 다니더라구요. 근데 민석이 아빠는 뭐 하는 분이세요?"

"이 아파트 놀이터 참 좋네요. 저희도 이 동네 이사 올 때 여기도 고민했었는데 40평대랑 50평대만 있더라구요. 민석이네는 몇 평이에요?"

"민석이는 영어도 잘한다고 하더라구요. 근데 영어유치원 나온 거예요? 지금은 어디 학원 다녀요?"

이준이 엄마는 늘 물어보기만 하는 것은 아니고 자신에 대한 이야기도 거침없이 늘어놓곤 한다.

"저희는 시어머니 모시고 사는데, 사실 시어머니가 좀 유별난 분이세요. 이준이 어렸을 때부터 제가 아이 키우는 것 하나하나 간섭이 얼마나 많으셨는지…."

"이준이 아빠는 평일에도 이준이 잘 때나 들어올 때가 많고, 주말엔 피곤하다면서 늦잠 자고, 집에 있기를 좋아해서 여행을 못 가는 편이라 답답해 미치겠어요."

이준이 엄마는 많이 묻고 자신을 많이 오픈했지만, 민석이 엄마는 말을 아끼는 것 같고 뭔가를 많이 숨기는 느낌이 들었다. 이준이 엄마는 이런 스타일의 엄마들을 대할 때마다 뭐가 그리 조심스러울까 싶어 참 답답하다.

안전거리가 먼 엄마는 숨기는 게 많아진다

혼자 조용히 보내는 시간을 좋아하는 민석이 엄마는 아이를 키우며 엄마들과 관계를 맺게 될 때마다 스트레스를 많이 받곤 한다. 점점 단톡방이 많아져 낮이고 밤이고 읽지 못한 대화가 쌓이는 것도 부담스러웠다.

어느 날 민석이가 새 친구 이준이와 우리 아파트 놀이터에서 약속을 잡았다고 해서 나가 보게 되었다. 이준이 엄마는 걸음걸이부터 에너지가 넘쳐 보였다. 대충 인사만 하고 집으로 들어오고 싶었는데 이준이 엄마는 작정하고 나왔는지 자꾸 말을 걸었다. 말만 많은 게 아니라 초면에 너무 들이대는 것 같다는 느낌이 들어 불편하기까지 했다. 초면에 남편 직업을 물어보지 않나, 집 평수를 물어보지 않나.

민석이 엄마 같은 스타일을 종종 경험해봤기 때문에 적절히 돌려서 대답을 피하는 법은 어렵지 않았지만, 끊임없이 들이대는 질문을 막으려니 긴장을 놓을 수가 없었다.

별로 궁금하지도 않은 시어머니나 남편 흉을 보는 등 자기 얘기도 서슴없이 주욱 늘어놓았다. 심지어 이준이가 친구를 잘 사귀어서 어린이집 유치원 때에도 늘 사회성이 좋다는 이야기를 들었다는 등 자랑까지 한다. 민석이 엄마는 예의상 경청하는 척했지만 머릿속은 복잡했다.

'이러다가 연락처도 물어보면 어쩌지? 피곤해질 것 같은데….'

안전거리가 가깝든 멀든 장단점은 있다

이준이 엄마처럼 사람 간의 심리적 거리를 좁히기 좋아하는 사람은 관계를 맺는 초반에 유리한 측면이 있다. 초반에 다들 분위기 살피느라 서먹서먹할 때에 다소 비밀스러운 자기 얘기를 꺼내 분위기를 무르익게 만든다. 하지만 민석이 엄마처럼 심리적 거리를 두고 싶어하는 사람을 섬세하게 배려하는 일에는 서툴다. 그래서 상처를 주기도 하고, 뒤에서는 너무 들이댄다는 평을 듣기도 한다.

반면 민석이 엄마처럼 심리적 거리를 멀게 유지하는 게 편한 사람은 늘 조심하기 때문에 남에게 상처 줄 일이 별로 없다. 하지만 시간이 어느 정도 지나도 그 거리가 좁혀지지 않고, 왠지 차가운 느낌이어서 좀처럼 친해지기 힘든 느낌을 준다. 특히 가정사나 경제력 등 비밀스러운 이야기를 하며 유대감을 쌓는 분위기일 때에는, 남의 얘기는 들으면서 자기 얘기는 하지 않는 음흉한 사람으로 평가되기도 한다.

심리적 거리는 오래된 패턴이다

아이를 중심으로 새로운 관계를 맺게 되면, 엄마의 성향 차이 때문에 대놓고 멀어지기도 쉽지 않다. 아이에게 친구는 중요하기 때문에 억지로 참으며 스트레스를 온몸으로 받는다.

하지만 스트레스를 참기보다, 즉 '나와 참 많이 다른 그 엄마를 어떻게 할 거냐'보다 더 중요한 질문을 스스로에게 던져보아야 한다. 바로 '내가 왜 나와 다른 저 엄마를 그렇게 불편해 할까'에 집중하면, 앞으로 새로운 관계를 맺는 데에 도움이 될 수 있다.

엄마가 되면 새로운 가정을 이루고 각자의 가정 분위기를 만들어가며 아이를 키운다. 하지만 엄마들은 지금 새로운 가정이 아닌 성장과정에서의 가족 분위기를 더 많이 경험했다. 그 분위기에서 익힌 심리적 거리 패턴이 이후 학창시절과 성인기까지 이어지는 것이다.

민석이 엄마는 아직도 기억난다. 초등학교 3학년 때 부모님이 침대를 사주셔서 너무 기분이 좋아 반 친구들에게 자랑했는데, 그 이야기를 들은 엄마가 자신을 나무랐다.

"자랑하면 그 친구가 샘나서 널 미워할 수도 있어."

의외의 반응에 당황했지만 그래야 하나보다 하고 받아들였다. 이외에도 부모님으로부터 자주 들었던 말이 있다.

"집안에 아무리 좋은 일이 있어도 밖에서 자랑하지 말아라."

"가족 홍보는 건 결국 자기 얼굴에 침 뱉는 거다."

그 영향이었는지 학창시절에도 친구들과 말할 때 늘 조심스러운 편이었고, 말하기 전부터 '이 말을 하면 날 어떻게 생각할까' 또는 '친구를 곤란하게 하는 말은 아닐까?'라는 생각을 하곤 했다. 그렇다고 해서 친구관계가 특히 힘들진 않았다. 나와 비슷한 성향의 친구들과 자연스럽게 친해질 수 있었기 때문이다.

반면 이준이 엄마는 어릴적부터 양가 친척들끼리도 자주 모이는 편이었고, 모이면 소소한 일까지도 나누는 분위기였다. 친척들의 경제적 사정은 물론, 또래 친척들의 성적이나 소소한 일상도 늘 공유되곤 했다. 그런 분위기에서 자라서인지 학창시절에도 자기 이야기나 가족 이야기를 하는 데에 거리낌이 없었다. 오지랖이라는 얘기도 많이 들었지만, 그게 자신의 캐릭터가 되어 좋은 점들도 많았다. 아이들의 소식통 역할을 하는 것에 대해서도 자부심이 있었다.

내가 옳고 남이 그른 것도,
남이 옳고 내가 그른 것도 아니다

이처럼 사람마다 대인관계에서 익숙한 심리적 거리가 있고, 의도하지 않아도 자연스럽게 그 거리를 유지하게 된다. 지금까지 심리적 거리 때문에 별문제 없었고 고민이 없었더라도, 아이를 키우다보면 알게 모르게 관계에 대해 고민하게 된다. 엄마들 관계는 자연스럽게 형성되는 게 아니라 아이를 중심으로 인위적으로 형성되기 때문이다. 성향이 맞지 않는다고 쉽게 관계를 끊을 수 없다는 압박감이 드는 게 자연스럽지만, 아이를 돌보는 데 지장이 있을 만큼 스트레스를 받거나 엄마들과의 관계 자체에 회의가 든다면 고민은 필요하다.

관계 속에서 심리적 갈등은 늘 양면이 있다. 그 순간에는 괴롭지만, 이전에는 인식하지 못했던 나에 대해 깨달을 수 있는 기회가 된다. '저 엄마 좀 이상해' '저 엄마랑은 안 맞아'라고 비난하거나 회피하기보다는, 그 엄마와 나 사이에서 복잡하게 무의식적으로 상호작용하고 있는 마음의 흐름을 살펴보면 좀 더 안정적인 사람으로 성장할 수 있는 기회가 되기도 한다.

내가 이준이 엄마 같은 경우라면, 나로 인해 민석이 엄마 같은 사람이 곤란할 수 있다는 점을 깨닫게 된다. 그렇다고 자책하거나 위축될 필요는 없다. 내가 그런 패턴이 익숙한 이유를 이해할수록 마음이 편해진다. 자연스럽게 수위를 조절하면 된다.

반대로 내가 민석이 엄마 같은 경우라면, 이준이 엄마 같은 유형 앞에서 스트레스를 받고 피하고 싶다는 점을 깨닫게 된다. 내 마음이 그런 이유를 알면, 지나치게 말을 아끼던 긴장감이 줄어들어 오히려 어떤 관계에서도 적당히 어울리기 수월해질 수 있다.

03.

감각이 뛰어난 엄마

×

직감이 좋은 엄마

"누구나 잘하는 게 있듯이 부족한 부분도 있다.

자신의 부족한 부분을 바라보는 데 좀 더 용감해지자."

저 엄마는 감각적이다?

최근에는 이런 표현이 칭찬인 경우가 대부분이다. 엄마가 되면 원래 감각적이던 사람도 감각이 무뎌지기 때문이다. 그렇다면 감각적이라는 말은 무엇을 의미할까? 융의 말에 따르면 '어떤 것을 의식적으로 지각하는 것'이 '감각'이다. 반면 무의식적으로 지각한다면 '직관'이라고 한다. 의식적인 감각이 아닌 막연한 감이 있다면 보통 직관적이라고 한다. 분위기상 "왠지 어딘가 모르게 구린내가 난다"라는 건 직관이다. 그렇다면 감각이 있는 엄마가 좋은 걸까? 아니면 감이 있는 엄마가 좋은 걸까?

감각이 뛰어난 엄마들

채원 엄마는 주변 엄마들에게 부러움의 대상이다. 젊은 나이에 개인 쇼핑몰 사업을 안정적으로 운영하고 있거니와, 스타일도 좋아 매사에 세련되었다는 이야기를 듣는다. 채원 엄마의 인스타에 올라오는 소소한 일상 피드에 그 감각이 잘 묻어나기에 팔로워도 많다.

보통 아이가 있으면 대충 치우고 너저분하기 마련인데, 집안이 늘 깔끔하고 구석구석 인테리어 감각 또한 보통이 아니다. 아이 친구 엄마들을 집으로 불러 식사를 대접할 때도, 마치 식당에서 먹는 것처럼 그럴 듯한 상차림을 선보인다. 여러 사람을 초대하면 한눈에 누가 왔는지, 안 왔는지도 단번에 알아차릴 만큼 눈썰미도 뛰어나다.

모임에서도 다른 엄마들의 옷차림과 헤어스타일 등을 잘 기억하고, 엄마들 각각의 성격이나 취향도 정확하게 파악한다. 사람들한테 관심이 많지만 일부러 유심히 관찰하지 않아도 자연스럽게 기억하고 판단한다. 그래서 다른 엄마들한테 쉽게 호감을 사는 편이다.

그런데 관계가 깊어지면 묘한 긴장감이 돌면서 다른 엄마들이 채원 엄마를 어려워한다. 예를 들면 엄마들끼리 대화를 하다가 분위기가 서먹해지거나 어색해질 때마다, 채원 엄마는 유난스럽게 예민해지곤 했다. 그냥 분위기에 민감한 정도가 아니라 매사에 모든 일을 자신과 관련지어 생각하고 받아들였다. 한번은 어떤 엄마가 채원 엄마를 보고 웃으면서 말했다.

"어머, 채원 엄마는 그렇게 비싼 가방도 척척 살 수 있어서 좋겠다."

그런데 채원 엄마가 느닷없이 정색을 하고 대꾸했다.

"그래, 나 돈 많아서 내 돈 주고 가방 사는 걸 자기가 왜 신경 써!"

별다른 의미 없이 한 말에도 채원 엄마는 자신을 비아냥거린다고 받아들인 것이다.

감이 있는 엄마들

유진 엄마는 엄마들 사이에서 "뭔가 내공이 있다"라는 평가를 받는다. 엄마들 모임이 있는 날, 처음 만난 시우 엄마는 옷차림도 세련됐지만 아는 것도 많고 언변도 좋았다. 시우 엄마는 순식간에 엄마들 사이에게 인기가 치솟았다. 반면 겉으로 드러나지 않는 진면목을 정확하게 파악하는 능력이 발달한 유진 엄마는, 시우 엄마를 보는 순간 거리감을 유지해야겠다는 생각이 들었다.

얼마 지나지 않아 주변 엄마들이 시우 엄마의 유난스러운 성격으로 힘들어하고 갈등을 일으킬 때에도 거리감을 유지한 덕분에 별로 영향을 받지 않았다. 그러한 직관 때문일까. 그녀는 유진 아빠의 진면목을 일찌감치 알아보고 결혼을 결정했다. 유진 아빠는 겉모습만 봤을 때는 전혀 매력적인 사람이 아니었지만, 속이 깊고 친구들 사이에서도 의리가 있었다. 아이들이며 아내한테도 헌신적이고 책임감이 강한 가정적인 사람으로, 다들 유진 엄마를 부러워했다.

하지만 유진 엄마한테도 단점은 있다. 그건 상대적으로 감각이 무디다는 점이다. 다른 사람이 어떤 스타일의 옷을 즐겨 입는지 관심이 없을 뿐더러 자신의 옷과 머리 스타일에도 관심이 별로 없다. 처음 만나면 수더분한 아줌마 같은 인상으로 사람들에게 호감을 사지 못하는 편이다. 신체적 감각도 둔한 편이라 자주 몸을 혹사시켰다. 유진이를 키울 때 체력적으로 힘들고 피곤했지만 그냥 다들 힘들겠거니 하고 다반사로 끼니를 굶었다. 배고픈 줄도 모르고 지낸 것이다.

그러다 위궤양이라는 진단을 받고 치료를 받아 완쾌했지만, 그 후로 건강 염려증이 생겨 조금이라도 컨디션이 좋지 않거나 몸이 이상하면 병원에 간다. 검사 결과 이상이 없다고 해도 찝찝하면 또 다른 병원을 찾아간다. 그렇게 하지 않으면 불안해서 견딜 수가 없었다.

감각형과 직관형

채원 엄마와 유진 엄마는 상반된 유형이지만 우리 주변에서 흔히 찾아볼 수 있다. 이 책을 읽는 당신도 두 엄마 중 한 엄마에게 공감하는 부분이 있을 것이다.

성향을 구분할 때 채원 엄마의 경우를 '감각형', 유진 엄마의 경우를 '직관형'이라 한다. 다른 성격 유형과 마찬가지로 그냥 스타일과 취향이 다를 뿐 우열이 있는 것은 아니다. 뛰어난 감각을 가진 엄마와 뛰어난 감을 가진 엄마는 각각 어떤 고충이 있을까?

감각형은 인간관계가 좋으나 사람 보는 눈은 부족하다

감각형인 사람이 내향적인 경우, 내면에서는 대상을 감각적으로 세밀하게 흡수해서 바라보지만 겉에서 볼 때에는 멍해 보일 때도 있다. 반면 채원 엄마처럼 감각형인데 외향적인 성향까지 가미되면 현실 감각이 아주 뛰어나 인간관계가 한없이 좋은 것처럼 보인다. 하지만 구체적인 감각에만 민감하기 때문에 생각과 감정에 대해 성찰하는 것을 소홀히 할 수 있다. 이런 성향은 인간관계에서 오히려 독이 될 수도 있다. 자극적인 것만 추구하는 가벼운 쾌락주의자처럼 보일 수 있기 때문이다.

또한 겉모습만 보고 주관적으로 상대를 평가해서 그 사람의 진가를 알아보지 못하기도 한다. 사람 보는 눈이 없기 때문에 인상 좋은 사기꾼 같은 사람들에게 걸려 사기를 당하기도 쉽다. 더구나 감각과 반대인 직관이 상대적으로 열등한 상태로 부정적인 직관을 가지기 쉽다. 직관이 한쪽으로 치우쳐 있어서 의심도 잘하고 투사도 잘한다. 엉뚱하게 피해관념을 잘 가지는 것이다. 특히 '성'적인 대상과 결부되면 질투를 하기 쉬워 심한 경우엔 의부증을 보일 수도 있다.

직관형은 새로운 가능성만을 추구한다

감각형인 사람은 상대의 인상, 옷차림 등 겉모습으로 사람을 평가하지만, 직관형의 사람은 상대의 내면을 꿰뚫어본다. 빛 좋은 개살구를 고르지 않고 외모와 상관없이 진실한 사람을 선택한다. 직관형인 사람이 사업을 하면 현재를 평가하기보다 장래성이 있는지 잠재력을 보기에 한발 앞서 갈 수는 있다. 하지만 현실 감각은 부족하다. 항상 새로운 가능성을 찾아 나서기 때문에, 한곳에 오래 머물러 그 가능성을 키워 나가지 못한다는 단점도 있다. 미처 인식한 것을 정리하고 저장할 겨를이 없기 때문이다.

예를 들어 직관형 엄마는 아이와 원의 여러 잠재성을

따져 아이를 어린이집에 보내지만, 그곳에 익숙해지기도 전에 또 다른 곳으로 옮길 수도 있다. 인간관계에서는 '사람을 이용하고 냉정하게 버리는 사람'이라는 비난을 받는 경우도 있다.

또 유진 엄마처럼 건강 염려와 건강에 대한 공포 증상이 생길 수도 있다. 열등한 감각 기능으로 인한 무의식적인 보상 기능 때문에 사소한 감각에 과하게 매달리기 때문이다. 이처럼 열등한 기능의 과도한 보상 작용이 일어나면 감각적인 충동에 사로잡힌다. 건강 염려성 강박 증상처럼 강박적으로 사소한 감각에 구속되는 것이다.

누구나 잘하는 면도, 부족한 면도 있다

먼저 자신에게 감각이 발달해 있는지, 감이 발달해 있는지부터 파악해보자. 사실 자신에게 발달된 부분을 모르는 경우가 더 많다. 그럴 때는 자신의 신경을 건드리는 게 무엇인지 판단해본다. 그것이 자신의 부족한 부분이고, 반대쪽 측면이 잘하는 부분일 확률이 높다.

예를 들어 자타공인 감각적인 사람이 자꾸 신경에 거슬린다면 당신은 직관형일 가능성이 크다. 자신의 신경을 건드린 게 감각 영역인데, 그 부분이 충분히 발달하지 못해 미숙하게 여겨지는 것이다.

누구나 잘하는 게 있듯이 부족한 부분도 있다. 자신의 부족한 부분을 바라보는 데 좀 더 용감해지자. 감각이 있는 엄마에게는 감이, 감이 있는 엄마에게는 감각이 상대적으로 부족할 수밖에 없다. 사람은 잘하는 건 더 많이 하고 싶고, 잘 못하는 것은 하기 싫은 법이다. 잘 못하는 것을 하려고 하면 시행착오도 필요하고 인내가 요구되기 때문이다. 자신의 부족한 부분을 외면하고 싶은 마음이 크겠지만, 그럴수록 수용하려는 노력이 필요하다. 부족한 부분일지라도 자꾸 드러내고 표현한다면 발달시킬 수 있다. 그러다보면 원래 자신 있던 부분과 구별이 안 될 정도로 발달해 있다.

나의 약한 부분이 강점인 엄마를 마주하는 순간들이 어찌 보면 나를 더 발달시킬 수 있는 기회이다. 그 엄마를 외면하거나 내 심리적 갈등을 애써 무시하기보다는, 나의 강점과 약점을 파악하는 기회로 만들어보자. 오히려 그 엄마와 관계를 지속하며 그 엄마의 강점을 배워보자.

04.

친절한 엄마

×

불친절한 엄마

"남에게 친절하든 불친절하든 그 정도가 지나치다면,
심리적인 갈등이 내재되어 있는 경우가 많다."

누구나 친절한 사람을 좋아한다

엄마들 사이에서도 친절한 엄마가 인기가 많다. 그리고 불친절한 엄마와는 거리를 두게 마련이다. 이왕이면 누구나 불친절한 엄마보다 친절한 엄마와 가까워지고 싶다. 하지만 상대가 과하게 친절하다면 다시 생각해볼 필요가 있다. 친절을 베푸는 근원에 어떤 심리적 갈등이 내재해 있을 가능성이 크기 때문이다. 흔히 볼 수 있는 정도를 넘어선 친절과 불친절에는 그 이면에 심리적 갈등이 내재되어 있는 경우가 많다.

누구에게나 친절한 엄마들

수현 엄마는 거의 모든 엄마들로부터 성격이 좋다고 소문났다. 누구한테나 친절한 것은 기본이고, 지역 중고마켓에 팔아도 될 것 같은 새것이나 다름없는 육아용품도 필요한 엄마들에게 잘 나눠준다. 아이의 생일은 물론, 특별한 일이 없어도 집으로 사람들을 초대해 정성껏 음식을 대접한다.

그런데 하루는 집에 놀러온 수현이 친구들이 수현이의 장난감을 맘대로 가지고 놀았다. 수현이는 자신이 정말 좋아하는 장난감이라서 친구한테 빼앗기지 않으려고 쥐고 있는데, 한 친구가 자꾸 달라고 하면서 일이 생겼다. 아이들끼리 장난감을 두고 티격태격하다 울며불며 싸우는 상황이 된 것이다. 그때 수현 엄마가 달려와서 친구는 손님이니까 장난감을 양보하라고 다그쳤다. 수현이는 양보하기 싫다고 떼쓰기 시작했고, 결국 그녀는 수현이의 장난감을 빼앗아 그 친구에게 주고 말았다. 남에게는 친절하지만 딸한테는 친절한 엄마가 아니었다.

불친절한 의심 많은 엄마들

민호 엄마는 다른 엄마들을 만날 때도 항상 신경이 곤두서 있고 경계 태세를 늦추지 않는다. 수현 엄마처럼 육아용품을 달라고 하지도 않았는데 너무 잘 주는 엄마를 보면 괜히 마음이 불쾌해져 자기도 모르게 비아냥거리듯 말하기도 한다. 또 새로 사귄 엄마들과 이야기를 나누다보면 이런저런 이야기가 오갈 수 있는데, 한 엄마가 사적인 부분을 꼬치꼬치 물어오자 자신도 모르게 불편한 마음을 드러냈다.

한 번은 아이들을 데리고 엄마들을 만났는데 아무리 달래도 민호가 떼를 쓰는 것이었다. 그때 한 엄마가 나서서 막무가내로 민호를 달래려고 하자, 민호 엄마는 간섭하지 말라는 식으로 차가운 반응을 보였고 순간 분위기가 어색해진 적도 있었다.

또 누군가가 지나가듯 한 말에 신경이 쓰이기 시작하면 하루 종일 그 말만 곱씹었고, 자기한테 일부러 그런 거라며 불쾌해했다. 또 누군가가 조금이라도 자신을 무시하는 듯한 말을 하면 견딜 수 없이 화가 났다. 자신이 예민한 게 아닌가 싶다가도, 옆집 엄마와 친하게 지내다 사기를 당하는 드라마를 보면서 오히려 자신의 행동이 옳다고 확신한다.

거절에 대한 두려움이 있는 친절한 엄마들

수현 엄마는 왜 자기 아이에게 상처를 주면서까지 남에게 과도하게 친절한 것일까? 보통 그 이면에는 상대방이 나를 비난하거나 거절하는 것에 대한 두려움이 있다. 친절하게 행동하지 않으면 자기 자신만으로는 충분히 매력적이지 않다고 생각하기 때문이다. 그 두려움의 근원은 어릴 적 해결되지 못한 욕구로 거슬러 올라간다. 사랑에 대한 결핍 수준이 높아지면 그런 결핍을 채울 기회를 호시탐탐 노린다. 자기에게 조금이라도 잘해주는 사람에게 지나치게 긍정적으로 반응하고 이상화하는 이유다.

수현 엄마는 어릴 때부터 항상 착하다는 말을 듣고 자랐다. 고집도 잘 안 부리고 떼도 잘 안 썼다. 착한 모습을 보일 때마다 부모님께 인정과 관심을 받았기 때문이다. 그렇게 자라면서 배려와 양보심이 인간관계에서 가장 중요하다는 신념을 무의식적으로 갖게 된 것이다.

언뜻 생각하면 정말 바람직해 보이지만 나름의 문제가 있다. 인간관계에서 필연적인 갈등 상황 자체를 지나치게 부담스럽게 받아들이는 것이다. 갈등 상황에서 자신의 솔직한 감정과 생각을 공유하면, 상대방은 자신을 좋아하지 않을 것이라고 생각하기도 한다. 그래서 갈등을 피하기 위해 손해 보고 희생하는 불편한 삶을 사는 것이다.

또 자기 아이도 그렇게 할 것을 은연중에 기대한다. 늘 친구에게, 동생에게 양보하라는 이야기를 입에 달고 산다.

수현이 입장에서는 장난감을 빼앗겨 억울한 마음을 공감받지 못하는 상황인데, 사랑의 결핍을 경험한 엄마가 은연중에 아이에게도 결핍을 경험시키는 대물림을 하고 있는 것이다.

비난이 익숙한 불친절한 엄마들

민호 엄마는 왜 그렇게 불친절하다못해 '눈 감으면 코 베어 갈까' 불안해하는 걸까? '편집성 성격'이라 불리는 이런 스타일은 누군가가 자신에게 친절을 베풀면 있는 그대로 받아들이지 못한다. 호의를 받을 만하지 않은 자신에게 호의를 베푸니 뭔가 속셈이 있고, 자신에게 무언가를 요구할 거라고 지레짐작한다.

또 상대가 사적인 질문을 하면 자신에 대한 정보를 악용할 수도 있다고 생각한다. 좋은 의도로 도움을 주더라도, 그 이유가 자신의 능력이 부족해서 그것을 비난하려는 의도가 있다고 곡해한다. 긴장이 풀린 화기애애한 분위기에서 흔히 할 수 있는 말실수도 자신을 의도적으로 괴롭히기 위해서라고 생각한다.

이렇게 상대방의 의도를 곡해하고 적개심을 가지는 이면에는 극단적으로 낮은 자존감이 존재한다. 어릴 적부터 모욕적인 느낌을 자주 받은 경우에 이런 성격이 형성된다. 처음으로 경험하는 인간관계인 부모와의 상호작용에서부터 수치심을 많이 느꼈기 때문이다.

비난으로 가득 찬 환경에서 자라면 이 세상을 가학적으로 여긴다. 그렇게 갖게 된 '인정받지 못함'을 자신의 것으로 받아들이는 것이 너무나 괴로운 것이다. 그래서 자신이 아닌 남의 것으로 투사한다. 은연중에 불친절한 행동을 함으로써 다른 사람이 자신을 비난하는 행동을 하도록 무의식적으로 유도하고, 실제로 비난이 돌아오면 역시 이 세상에는 믿을 사람이 없다는 식으로 자신의 가설에 확신을 더해가는 것이다.

행동이 아닌 이면의 마음을 돌아보자

남에게 친절하든 불친절하든 그 정도가 지나치다면 행동 자체보다 이면에 있는 심리적인 갈등 요소를 살펴보는 게 좋다. 누군가를 생각하며 '아~ 그래서 그 엄마가 그럴 수도 있겠구나'라고 이해의 폭을 넓히는 것도 도움이 되지만 먼저 자신을 돌아보자. '내가 그래서 나도 모르게 이런 친절을 베푸는 거구나' 내지는 '내가 그래서 다른 사람들과의 관계에서 불편하고 자주 적개심을 갖는구나'라는 생각을 한 번쯤 해보는 것이다.

겉으로 드러나는 지나친 친절이나 불친절은 행동으로 나타나는 심리적 갈등의 표현일 뿐이어서. '이제부터 조금 덜 친절해야겠다' 내지는 '억지로라도 사람들한테 마음을 열어봐야겠어'라는 마음가짐으로는 해결되지 않는다. 근본적인 자신의 심리적 이면을 객관적으로 들여다보려는 노력이 필요하다. 내 마음을 있는 그대로 바라보려는 노력, 피하고 싶지만, 시간이 걸리더라도 성숙한 엄마가 되는 지름길이다.

05.

느긋한 엄마

×

부지런한 엄마

"자신의 성향과 현재의 에너지 레벨을 잘 파악하고 있는 그대로를 인정하는 것이 중요하다."

행동보다 행동 이면의 마음을 들여다보기

흔히 게으른 엄마는 나쁜 엄마, 부지런한 엄마는 좋은 엄마인 것처럼 여긴다. 한편 조급한 엄마는 부정적인 느낌을 주고, 느긋한 엄마가 바람직해 보이기도 한다. 나는 어떤 엄마가 되도록 노력해야 할까? 겉으로 보기에 많은 행동을 하냐 적은 행동을 하냐보다, 행동 이면의 마음을 헤아려 보아야 한다. 같은 행동이어도 전혀 다른 마음이 작동할 수 있다.

원래 느긋한 엄마들

수연 엄마는 분주한 요즘 엄마들과 달리 성격이 참 느긋하다. 다른 엄마들이 아이를 위해 이것저것 시킬 때도 별로 개의치 않는다. 원래 타고나길 성격이 느긋했다. 중·고등학교 때 시험 기간이 다가와도 조급해하지 않았고, 느긋한 마음으로 적당히 공부했다. 대학 졸업 후 취직을 준비할 때에도 친구들은 취직 걱정에 안달했지만, 느긋하게 기다리다 적당히 만족하는 직장에 취직했다.

아이를 키우는 엄마가 되어서도 성격이 크게 바뀌지 않았다. 육아 카페에서 연령별로 추천해주는 문화센터 강좌를 봐도 얼른 시켜야 할 것 같은 조급한 마음이 들지 않았다. 아이를 데리고 나가 이것저것 체험활동을 하는 것도 아니고, 집이나 놀이터에서 한가하게 지낸다. 아이를 위해서라면 다 해줘야 한다는 생각도 별로 들지 않는다.

갑자기 게을러진 엄마들

예원 엄마도 분주한 요즘 엄마들과 달리 느긋해 보인다. 돌이 갓 지난 예원이가 엄마에게 끊임없이 요구하고 떼를 써도 별로 조급하지 않다. 오히려 행동이 둔해지는 것 같고 재빨리 해줘야 한다는 압박감도 들지 않는다. 그래서인지 예원이는 전업맘인 엄마보다 같이 사는 친할머니를 더 따른다. 그런데 그녀의 원래 성격은 지금의 모습을 상상할 수도 없을 만큼 부지런하고 열정적이었다. 직장에서도 외향적인 성격이라 사람들과 어울리기 좋아했고, 업무도 빠릿빠릿하게 처리해서 일솜씨가 야무지다는 말을 들었다.

그런데 예원이를 키우는 1년 동안 성격이 점점 바뀌었다. 늘 당연시되고 익숙했던 열정이 없어지는 것 같더니 이제는 사람도 만나지 않고 집에서 아이와 조용히 지낸다. 아이를 키우면 엄마 목소리가 더 커지고 하이톤이 된다고 하는데, 예원 엄마는 목소리도 작아지고 톤도 많이 낮아졌다. 몸을 부지런히 움직여 가벼워만 보였던 그녀는, 지금은 뭘 해도 굉장히 느리고 아무 생각 없이 멍하니 있을 때가 많아졌다.

보이는 모습이 전부는 아니다

수연 엄마와 예원 엄마는 둘 다 겉으로는 느긋하게 보인다. 비슷한 성격으로 보이지만 수연 엄마는 원래의 성향이 그대로 이어진 것이고, 예원 엄마는 평소와는 전혀 다른 모습을 보인다는 것이 큰 차이이다. 여기서 갑자기 성격이 변한 예원 엄마는 육아 우울증을 앓고 있을 가능성이 높다.

우울증의 가장 흔한 감정인 우울과 불안이 지속되면 생각과 행동에 영향을 준다. 뭘 해도 집중을 잘해 똘똘해 보이는 사람이 멍해 보이거나, 에너지 넘치는 사람이 정반대의 행동을 보인다면 이는 근본적인 성격이 변한 것이 아니다. 우울증으로 인해 몸과 마음의 에너지 레벨이 떨어져 일시적으로 나타나는 증상이다.

갑자기 부지런해진 엄마들

반면 민수 엄마는 요즘 엄마들 중에서도 특히 부지런하다.

직장에서 퇴근하면 곧장 어린이집으로 달려가다시피 민수를 데리고 집으로 온다. 민수와 민수 아빠에게 저녁을 차려주고 나서 대충 끼니를 챙겨 먹는다. 낮 동안 못 놀아줬다는 생각에 민수와 동네 놀이터에 가서 한바탕 뛰어놀고, 그림책도 열정적으로 읽어준다.

주말에도 집에서 지내는 법이 없다. 인터넷으로 정보를 검색해 승마, 농장체험 등 좋은 경험이 될 만한 활동을 찾아 데리고 다닌다. 그런데 민수 엄마는 현재 자신의 모습을 상상할 수도 없을 만큼 성격이 바뀌었다. 어려서부터 느리고 게으르다는 얘기를 많이 들어와서 바뀐 모습에 자신조차 적응되지 않을 때도 있다. 민수 엄마는 단지 엄마에게 적합한 부지런한 성격으로 바뀐 것뿐일까?

대부분 불안하면 부지런해진다

민수 엄마가 보이는 열정의 근원을 살펴보면 부지런한 성격으로 바뀌어서가 아니라 '불안'하기 때문일 가능성이 높다. 민수 아빠가 워낙 바쁘기 때문에 아들과 놀아줄 만한 여유가 없고, 민수 엄마도 대기업에 다녀 야근도 빈번하고 퇴근 시간도 늦어 놀아줄 시간이 부족하다. 민수 엄마는 민수를 데리러 갔을 때 아이 혼자 어린이집에 남아 있는 모습을 보면 아이가 너무 안쓰럽고 미안한 마음이 크다. 이런 상황에 자신마저 현실에 안주하면 민수가 너무 불행해질 것 같아 조바심과 불안감이 커진 것이다. 그래서 주말만큼은 무리를 해서라도 민수와 좀 더 많은 시간을 보낸다. 평소 해주지 못한 것을 주말에라도 해주고 싶어 온갖 체험활동에 데리고 다니는 것이다.

자신의 성향과 에너지 레벨을 잘 파악하기

엄마가 게으르거나 부지런해 보이는 것은 사실 중요하지 않다. 다른 엄마들이 어디를 데리고 다니고 어떤 것을 해주었는지 비교해서도 안 되며 위축될 필요는 더더구나 없다. 자신의 성향과 현재의 에너지 레벨을 잘 파악하고 있는 그대로를 인정하는 것이 중요하다.

예원 엄마처럼 우울감으로 인해 에너지 레벨이 떨어진다면 고스란히 아이에게 부정적인 영향을 미칠 수밖에 없다. 하루빨리 원래의 모습으로 회복하기 위해 주변의 적극적인 도움을 받아야 한다.

또 민수 엄마처럼 불안감으로 자신의 능력에 부치는 무리한 생활을 이어가면 체력적이든 정신적이든 방전이 될 수 있다. 이것이 심리적 방전으로 이어질 경우에는 짜증과 분노로 표출될 수 있다. 아이를 잘 키우기 위해 했던 행동이 결국엔 아이를 제대로 돌보지 못했다는 죄책감으로 이어질 수 있는 것이다.

당신은 게으른 엄마인가? 부지런한 엄마인가?

현재 자신의 모습을 잘 살펴보고 게으름과 부지런함의 근원이 무엇인지 정확하게 파악하자. 그래야만 자신의 내면을 이해하고, 자신의 행동을 적절히 조절할 수 있다.

06.

겉과 속이 같은 엄마

겉과 속이 다른 엄마

"페르소나는 참다운 것, 궁극적인 '목적'이 아니다.
엄마로서의 역할을 하기 위해 필요한 '수단'일 뿐이다."

이 세상에 한결같은 사람은 없다

주변을 둘러보면 누가 봐도 이상적인 엄마가 있다. 엄마로서의 역할을 훌륭하게 해내는 것뿐만 아니라 한 인간으로서도 완벽해 보이는 매력적인 그런 엄마 말이다. 그런 엄마들을 볼 때마다 이런 생각이 든다.

'정말 대단해. 근데 저 엄마, 집에서도 저렇게 한결같은 모습일까?'

그런 엄마를 보면 약점을 찾고 싶은 게 보편적이고 자연스러운 인간의 심리다. 조금이라도 어떤 흠을 발견하면, '거봐! 내가 그럴 줄 알았어. 저 엄마 척 봐도 겉과 속이 다르다니까. 그래서 사람은 겪어봐야 아는 거야. 가까이 지내면 안 되겠어' 하는 극단적인 생각마저 한다.

그렇다면 이렇게 말하는 엄마는 과연 겉과 속이 같을까? 이 세상에 모든 사람이 좋아하는 한결같은 모습을 보이는 엄마, 아니 사람이 있을까? 그리고 겉과 속이 다르다고 해서 반드시 나쁜 엄마이고 나쁜 사람일까?

겉과 속이 모성애로 가득 찬 엄마

우리 사회는 엄마가 되는 순간 인격적으로 완벽한 완성체가 되어야 한다고 강요한다. 또한 암묵적으로 엄마는 아이를 위해 100퍼센트 희생하고, 100퍼센트 사랑을 줘야 하고, 무엇보다 100퍼센트의 모성애로 가득 찬 사람이 될 것을 기대한다. 이는 엄마라면 마땅히 이래야 한다는 생각이 형성된 집단무의식이다.

'인간은 사회적 동물'이기에 이러한 기대를 무시하고 살기란 쉽지 않다. 알게 모르게 영향을 받을 수밖에 없고, 사회가 요구하는 엄마의 모습에 부합하기 위해 스스로를 닦달하고 자신의 본래 모습과 다른 행동을 보이기도 한다. 이를 '페르소나'라고 한다.

페르소나는 고대 그리스 연극에서 배우들이 쓰는 가면을 말하는데, 엄마들은 엄마가 되는 동시에 사회적 가면을 쓰게 된다. 가면을 썼기 때문에 그 가면에 어울리는 역할을 해야 하지만, 단지 엄마라는 가면을 쓴 것일 뿐 엄마이기 전에 한 개인이다. 그런데 많은 엄마들이 페르소나와 자신의 본래 모습을 구분하지 못하고, 엄마라는 역할에 완전히 사로잡힌다. 임신 순간부터 사회적으로 기대되는 엄마의 역할에 자신을 끼워 맞춘다.

태교라는 미명하에 지금까지와는 전혀 다른 삶을 추

구하고, 좋은 생각만 하고 좋은 감정만 느끼려 한다. 숭고하고 이상적인 엄마의 모습만을 추구하며 그것에 자신을 맞춰 간다. 그러다 아이가 태어나면 100퍼센트 모성애를 애써 발휘한다. 주변에서 보고 평가하기에 완벽한 사랑과 희생을 쏟아붓는 바람직한 엄마가 되기 위해 노력한다. 스스로도 그런 모습에 만족하며 지낸다. 겉과 속이 완전히 같은 완벽한 엄마의 모습으로 말이다.

겉으로는 엄마, 속으로는 인간

언뜻 '사회적 가면'이란 말을 들으면, 도덕적으로 위선적인 모습이 떠오른다. 하지만 페르소나라는 사회적 가면은 그런 뜻을 내포하지 않는다. 흔히 부정적인 의미로 말하는 '겉과 속이 다른' 엄마가 있기는 하다.

4세 아이를 키우는 수진 엄마는 "아이가 아직 어린데 벌써부터 한글을 가르쳐? 그건 아니지. 애들 어렸을 때는 그저 맘껏 뛰어노는 게 최고야"라며 조기교육에 대해 부정적인 입장이었다. 때로는 일찍부터 아이를 가르치는 엄마들을 대놓고 비아냥거리거나 비난하곤 했다. 하지만 수진 엄마는 아무도 모르게 집에서 아이한테 영어 과외를 시키고 있다.

겉과 속이 다른 엄마 스타일이 또 있다. 아동심리를 전공한 재원 엄마다. 재원 엄마는 주변 엄마들 사이에서 인기가 많다. 항상 바람직한 양육법을 제시하고 주변에 문제가 있는 아이에 대해 친절하게 상담해준다. 그녀는 엄마들에게 아이의 마음을 먼저 공감해주는 게 중요하다고 강조하지만, 자신이 아이를 그렇게 키우는 것은 아니다. 그녀는 아이를 보면 이유 없이 화가 나고 감정 조절이 안 되는 자신을 종종 발견한다. 그래서는 안 된다는 것을 알면서도 자신이 알고 있는 이론대로 아이를 키우거나 가르치지 못하고 있다. 하지만 그녀는 엄마들이 있는 자리에서는 마치 연기하듯 따뜻하고 부드럽게 재원이를 대한다.

겉과 속이 다른 행동을 하는 자신의 모습을 보며 스스로 괴리감을 느낀 적이 많다. 그러다 재원이와 함께하는 잠깐의 시간조차 아이와의 상호작용을 은근슬쩍 회피하거나 방치하게 되었다. 겉과 속이 다른 수진 엄마와 재원 엄마는 왜 이렇게 된 것일까? 어디서부터 잘못된 것일까?

언뜻 생각하면 사회적으로 요구되는 엄마의 모습에 자신을 끼워 맞추고 자신과 일치된, 즉 겉과 속이 같은 엄마로 사는 것이 바람직한 엄마상으로 보인다. 반대로 남을 의식해서 보여주는 태도와 실제로 행동하는 태도가 다른, 즉 겉과 속이 다른 엄마는 부정적으로 느껴진다. 하지만 결론부터 말하면 둘 다 문제다. 엄마의 페르소나에 자신을 지나치게 동일시해도, 또 아예 엄마 페르소나를 버려도 문제가 되기 때문이다.

내면의 소리를 무시하는 겉과 속이 같은 엄마들

엄마로서 요구되는 엄마의 페르소나에 자신의 인격을 맞춰 살아가는 것이 엄마가 된 초반에는 일시적으로 가능하다. 엄마가 없으면 아무것도 못하는 아이들은 엄마가 24시간 내내 붙어 있으면서 돌봐주어야 한다. 수면 패턴도 불규칙하고 하루 종일 손이 가는 갓난쟁이의 엄마일 때는 오히려 심리적 갈등을 덜 느낀다. 하지만 이런 오버페이스가 지속되면 페르소나는 점점 팽창하고 자기 내면의 소리를 듣지 못해 소홀히 여기게 된다.

그러다 문제가 드러나면서 폭발하게 된다. 자신의 본성을 무시하고 사회적 역할과 동일시하다보면 숨겨두었던 내면의 무의식이 슬슬 기어나와 거부 반응을 나타내기 때문이다. 엄마들이 흔히 경험하는 '우울, 불안, 감정기복, 강박, 무기력감' 등이 그것이다.

이러한 증상은 그만큼 자기 본성에서 분리된 삶을 살고 있다는 일종의 위험한 신호다. 타인으로 향해 있는 시선을 자신의 내면으로 되돌리라는 마음의 소리이다.

페르소나는 목적이 아니라 수단

어떻게 1년 열두 달 천사 같은 엄마로 살아갈 수 있을까?

모든 엄마에게 엄마의 페르소나는 반드시 필요하다. 엄마로서 마땅히 해야 하는 도리, 책임, 의무, 규범은 분명히 있다. 하지만 엄마라는 페르소나를 자신과 완전히 동일시하란 말은 아니다. 남에게 보이는 이상적인 모습에 부합해야 하는 부담이 너무 커진 나머지, 극단적으로 이분되는 게 오히려 더 큰 문제를 일으키기 때문이다.

아동학대 가해자 부모들을 살펴보면, 애당초 죄책감이 결핍된 사이코패스보다 오히려 지나치게 완벽함을 추구하다 지쳐 극과 극으로 분열된 행동을 하게 된 경우가 훨씬 더 많다. 그렇다면 엄마들은 어떻게 해야 할까?

엄마의 페르소나와 자기 자신을 구분하면 된다. 페르소나는 참다운 것, 궁극적인 '목적'이 아니다. 엄마로서의 역할을 하기 위해 필요한 '수단'일 뿐이다. 앞서 페르소나의 어원이 고대 그리스 연극에서 쓰던 가면이라고 설명했다. 가면처럼 이상적인 엄마의 모습을 자연스럽게 썼다가 벗었다 하면 된다.

엄마도 사람이다. 사람은 사회적으로 요구되는 것을 인식하고 그것에 적응해야 한다. 하지만 다른 한편으로는 내면이 요구하는 것을 인식하고 그것에도 적응해야 한다. 때로는 외적인 요구에 맞춰진 엄마가 될 수도 있지만, 때로는 아닐 수도 있다는 것을 스스로 인정하면 된다. 그것이 페르소나에 영향을 덜 받으면서도 오히려 페르소나에 어울리게 사는 방법이다. 겉과 속이 자연스럽게 어우러지고 통합시키는 성숙한 엄마의 모습인 것이다.

07.

외향적인 엄마

×

내향적인 엄마

"우리 안에는 내향적인 성격과 외향적인 성격이 있다.

내 안의 반대 성향을 인식하는 것이 중요하다."

생각하고 행동하는 관점의 차이

우리는 사람의 성격을 구분할 때 단순하게 그 사람이 외향적이냐, 내향적이냐를 따진다. 보통은 내향적인 사람을 내성적이고 사교적이지 않은 사람으로, 외향적인 사람은 활발하고 사교적인 사람으로 생각한다. 하지만 심리학적 측면에서는 이런 식의 구분을 하지 않는다. 이런 구분은 내향적인 사람이 외향적인 사람보다 부족한 것처럼 여겨지는데 실제로는 그렇지 않기 때문이다. 외향적이고 내향적이라 함은 생각하고 행동하는 것에 대한 관점의 차이일 뿐이다.

자신에게만 관심 있는 내향적인 엄마

연우 엄마는 엄마들 단체 카톡방에서 별로 존재감이 없다. 대화에 적극 참여하기보다 그저 눈팅이나 하는 정도다. 남들이 시시콜콜한 육아며 남편, 심지어 시댁 이야기를 늘어놓을 때에도 그저 확인만 한다. 누군가가 자신에게 물어보는 것에만 단답형으로 대답할 뿐이다.

주변 엄마들은 연우 엄마가 소극적이고 말수가 적어 모임에 나오기를 불편해하는 게 아닌가 생각한다. 하지만 남들이 생각하는 이유만은 아니다. 그냥 다른 엄마들의 시시콜콜한 이야기, 즉 남의 이야기에 별로 관심이 없을 뿐이다. 엄마들이 만나서 하는 연예인 가십이나 대부분의 이야기가 별로 재미가 없다.

때로는 중요한 얘기도 아닌데 열을 올리며 흥분하는 엄마들을 보면 이해가 안 되는 측면도 있다. 정말 한시도 쉬지 않고 말을 쏟아내는 수빈 엄마를 볼 때는 사람들이 그 이야기에 관심이 없다는 걸 모르나 싶은 생각이 들고, 때로는 만나고 싶지 않다는 생각도 든다. 수빈 엄마를 만나면 '저렇게 말이 많고 에너제틱하면 피곤하지 않을까' 하는 생각과 함께 자신마저 어수선해지고 정리가 안 되는 기분이다.

모임에 나가서 엄마들과 수다하는 시간엔, 그냥 집에 가서 조용히 혼자 있고 싶다는 생각이 머릿속에 가득하다. 사람들, 특히 엄마들을 만나는 게 연우 엄마로서는 너무 피곤하다.

남에게 관심 많은 외향적인 엄마

연우 엄마와 달리 수빈 엄마는 엄마들 단체 카톡방에서 대화를 이끌어가는 주역이다. 자주 안부도 묻고 별거 아닌 일에도 모임을 주선하고 항상 에너지가 넘친다. 인터넷 카페에서 좋은 육아 정보를 보면 열심히 단체 카톡창에 퍼 나른다. 그래서 엄마들 사이에서 늘 존재감을 발휘한다. 그녀가 바쁜 일이 있을 때는 단체 카톡방도 덩달아 조용해진다. 수빈 엄마는 정보를 수집하는 능력도 뛰어나고 항상 시끌벅적하게 뭔가를 떠벌리곤 한다. 하지만 왠지 자신의 깊은 고민이랄지 속내는 말을 거의 하지 않는 느낌이다.

사실 수빈 엄마 입장에서는 피해의식이 있다. 시쳇말로 자기는 열심히 공부해서 남 준다는 생각도 든다. 유익한 정보를 제공하는 입장이고 주변 엄마들을 챙기느라 바쁘지만 정작 실속은 못 챙기는 기분이 든다. 특히 단체 카톡에서 아무 말도 없이 자신이 제공하는 유용한 정보만 얻어가는 연우 엄마는 못마땅한 정도가 아니라 때로는 속이 뒤집힌다. 연우 엄마한테는 정보를 알려주고 싶지 않은 마음도 있다. 엄마들끼리 단합해서 어린이집에 건의사항을 전달하는 과정에서도 가만히 지켜보고 있다가, 마지막에 자기는 반대한다면서 조곤조곤 의견을 말할 때는 어이가 없어서 다시는 얼굴도 보고 싶지 않았다.

내향적이든 외향적이든 장단점은 있다

연우 엄마처럼 내향적인 사람은 다른 사람의 삶 또는 세상사에 대한 관심보다 자기 자신의 내면에 집중하고 자신의 관심사를 더 중시한다. 다른 엄마들이 아무리 좋다고 해도 내 마음에 들지 않으면 동조하거나 따르지 않는다. 좋은 말로는 줏대가 있다. 하지만 그만큼 주변 사람이나 세상을 소홀히 여길 수 있다.

한편 수빈 엄마처럼 외향적인 사람은 다른 사람과 세상 돌아가는 일에 관심이 많기 때문에 사람을 대할 때에 능숙한 편이다. 자신의 취향이나 욕구보다는 다른 사람들이 관심을 가지는 것에 자신도 맞추어 간다. 반면 자신의 내면에 대한 관심은 상대적으로 적을 수 있다.

각자 성향에 따라 장단점이 있어 두 엄마 모두 성향과 관련한 심리적 갈등을 경험한다. 특히 나와 다른 성향의 엄마를 만나고 부딪히는 경험을 할 때가 그렇다. 그냥 나와 다르다는 것을 인정하고 두루두루 잘 지내면 좋은데 그게 말처럼 쉽지 않다. 사실 누군가와 갈등을 일으킨다는 것은 에너지 소모도 크고 그다지 유쾌하지도 않다.

내향적인 엄마의 열등감

내향적인 사람은 내향적 경향이 우세하기에 외향적인 부분이 억압되고 무의식 안에 머물러 있다. 그럴수록 외향적인 부분이 더 이상 개발되지 못하는 경우가 많다. 무의식 속에서 자신이 가진 약간의 외향적인 부분에 대해서도 열등한 태도를 보인다. 그러다 이런 부분을 스스로 인식할 만한 기회가 생기면 어김없이 상대에게 투사한다. 내향적인 연우 엄마처럼 외향적인 수빈 엄마를 마주할 때에 불편한 마음을 갖는 것이다. 그 감정이 더 발전하면 자신과 성향이 다른 엄마는 가볍고 지조가 없어 보인다는 생각마저 든다. 마음속으로 수빈 엄마가 기회주의자 스타일이라고, 뚜렷한 근거 없이 비난하기도 한다.

외향적인 엄마의 열등감

반대로 외향적인 사람은 외향적 경향이 강하기 때문에 역시 내향적인 부분이 억압되어 무의식 안에 머물러 있다. 내향적인 부분이 더 이상 발달하지 못하고 미숙한 상태로 남아 있는 것이다. 역시 무의식적으로는 자신 안에 있는 내향적인 부분에 대해 열등감을 갖고, 그런 부분이 수면 위로 떠오를 때 자신의 한 부분이라는 것을 의식적으로 인지하지 못한다. 그래서 나와 다른 상대에게 투사한다. 연우 엄마를 자기밖에 모른다고 생각하고 못마땅해하는 수빈 엄마처럼 말이다. 더 나아가 연우 엄마처럼 내향적인 사람을 고집불통인 데다 말도 안 통하고 유도리가 없다고 비난하기도 한다.

자기 안의 반대 성향을 인식하자

우리 안에는 내향적인 성격과 외향적인 성격이 동시에 있어, 언급된 두 명의 엄마처럼 성격을 정확히 구분하기란 쉽지 않다. 내향이든 외향이든 조금 더 우세한 성향을 말해주는 것일 뿐, 한쪽으로 완전히 치우쳐 있는 경우는 드물다. 그럼에도 불구하고 조금이라도 우세한 부분에 자신뿐만 아니라 주변에서도 집중할 수밖에 없다. 그리고 열등한 반대쪽 측면을 마주하는 상황에서는 심리적인 갈등이 일어난다.

누구나 자신의 부족한 면을 숨기고 억누르면 일시적으로는 마음이 편하지만, 길게 보면 그로 인한 갈등은 더욱 커진다. 무의식과의 관계가 단절되고, 억압하는 동안 고스란히 쌓인 심리적 갈등이 의식으로 드러나면 통제가 불가능할 만큼 감정적 어려움을 경험한다.

한 예로 적극적이고 열정적으로 아이를 키우다 몸과 마음이 소진되어 우울증에 걸리면, 오히려 반대의 성향보다 더 큰 상실감을 경험한다. 그리고 그 이후로는 오히려 정반대의 노선을 걷게 된다. 외향적인 모습은 자꾸 감추려 하고 내향적인 부분만 추구하는 양극단으로 치달을 수 있다.

자신이 내향적이든 외향적이든 잘하고 익숙한 부분에

만 지나치게 집착하다보면, 자신도 모르는 사이 반대되는 성향을 억압할 수 있다. 자신이 어느 한쪽으로 치우쳐 있다면, 그만큼 약한 부분을 외면하는 것일 수 있다. 그 부분을 알고 의식적으로 노력하면 조금씩 보완이 가능하다.

연우 엄마나 수빈 엄마처럼 엄마들 관계에서 심리적인 갈등이 일어난다면, 자신의 성향 중 열등한 부분을 발견할 수 있는 좋은 기회다. 이때 숨기고 싶은 성향을 외면하기보다 자신에 대해 알아가는 기회로 삼아보자. 비단 엄마들과의 관계뿐만 아니라 폭넓은 인간관계에서도 편안해질 수 있다. 아이와의 관계에서도 아이가 타고난 기질을 편안히 바라볼 수 있는 마음이 생겨 아이를 키우는 일이 수월해진다.

CHAPTER 02.

나와 상황이 다른

×

엄마들과의 관계

01.

아들 엄마

×

딸 엄마

"아들과 딸 중 선호하는 성별이 있을 수 있다. 아들과 딸을 키우는 엄마들이 경험하는 생각과 감정은 분명 다르다."

아들과 딸을 키우면서 경험하는 생각과 감정은 분명 다르다

딸이 둘이면 금메달, 하나면 은메달, 아들 둘이면 목메달이란 우스갯소리가 있다. 불과 10~20년 전만 해도 아들을 선호하는 것이 지배적이었는데, 이제는 딸을 선호하는 분위기가 지배적이다. 이런 트렌드에는 단순한 성별 그 이상의 의미가 있다. "세상의 모든 아이는 귀엽다. 단 아들만 빼고" 라는 말이 통용되는 걸 보면 육아를 부담스러워하는 젊은 엄마들에게 아들 키우는 일은 큰 두려움으로 다가온다. 예전에는 남성성이나 여성성이 사회적으로 형성된다는 관점이었지만, 최근에는 생물학적으로 다르게 타고난다는 근거가 꾸준히 밝혀지고 있다. 이런 이유로 엄마가 갓난아이 때부터 아들과 딸을 키우면서 경험하는 차이는 분명 존재한다.

뱃속에서부터 말 안 듣는 아들

훈이 엄마는 아들을 키우면서 훈이 누나를 키울 때와는 전혀 다른 놀라운 경험을 하고 있다. 훈이가 빨리 걷기 시작했는데, 걷는가 싶더니 곧바로 뛰어다니는 게 아닌가. 훈이는 지금까지도 걸어다니는 법이 없다. 하루에 수십 번 소파와 침대 위에 올라가 바닥으로 뛰어내린다. 아이는 그런 행동이 위험하거나 아플 수 있다는 생각 자체를 전혀 못하는 것 같다. 장난감을 가지고 놀 때도 온몸을 벽에 부딪치며 입으로는 요란한 괴성을 지르며 논다. 에너지가 넘쳐 벽이라도 부술 기세다.

그런 행동을 할 때마다 훈이에게 아무리 주의를 줘도 "다시는 안 그럴게요" 하고 청산유수처럼 대답만 할 뿐 소귀에 경 읽기다. 엄마 말을 알아듣는 것 같기는 한데 자기가 하고 싶은 건 기어이 하고야 만다. 아이를 불러 세우고 야단을 쳐봐도 그때뿐, 체력적으로 감당이 안 된다. 어디 한군데 집중하지 못하고 산만하고, 어디로 튈지 모르는 럭비공 같다. 아직 어린 데도 이러니 더 크면 감당할 수 있을지 걱정스러울 뿐이다. 아들을 임신했을 때 의사 선생님이 아들은 뱃속에서부터 말을 안 듣는다고 해서 무슨 말인가 했더니 이런 걸 두고 한 이야기인가 싶다.

자기만 봐달라는 딸

딸이라고 키우기 만만한 건 아니다. 혜림 엄마는 원하는 딸을 낳아 딸에 대한 기대감이 컸다. 아들만 키우는 엄마들이 혜림이를 부러워하고 딸이 애교가 많고 얌전해서 좋겠다는 말을 할 때마다 뿌듯하고 어깨가 으쓱했다. 그런데 두 돌이 지나면서 점점 예민해지는 아이 때문에 힘들어졌다. 세 돌이 지나면서부터는 미주알고주알 끊임없이 말을 하는 아이를 상대하는 것도 벅찼다.

처음엔 말을 잘하는 게 기특하고 놀라웠지만 이제는 솔직히 귀에 거슬리고 자신을 너무 귀찮게 해 짜증스럽다. 눈치는 어찌나 빠른지, 조금만 엄마 표정이 변해도 금방 알아채고 왜 미운 표정을 짓느냐고 물어온다. 엄마가 조금만 섭섭하게 대해도 토라지기 일쑤고 친구들이 조금만 서운하게 해도 울며불며 난리를 친다. 그림 하나를 그려도 매번 칭찬받기를 원하고, 칭찬을 하지 않는 날엔 칭얼거리기 일쑤다.

혜림 엄마는 때로는 아들 키우는 엄마들이 부럽다. 체력적으로는 힘들지 몰라도 미묘한 감정 변화에 일일이 대응하지 않아도 되니 얼마나 좋을까 싶은 마음이 든다. 혜림 엄마는 딸에 대해 감정적으로 적응이 안 되기도 하거니와,

아이 때문에 신경이 곤두서서 자신마저 예민해지는 것을 느낀다.

아들과 딸은 다르다

사실 아들과 딸을 이렇다저렇다 규정하는 것은 의미가 없다. 아들이라고 다 산만한 것도 아니고 딸이라고 다 감정적으로 예민한 것도 아니다. 다만 일반적으로 아들은 딸보다 공격적이고 에너지가 넘친다. 호기심이 많고 독립적이면서 산만해 사고 위험도 높다. 상황 판단을 하고 주변 분위기를 읽는 능력이 떨어져서 컨트롤이 안 된다는 게 가장 큰 어려움이다. 한마디로 눈치가 없다. 그래서 엄마의 뜻을 전달하려면 더 많이 얘기하고 더 자주 설명해야만 겨우 알아듣는다.

그런데 딸은 상대적으로 얌전한 편이고 분위기 파악이 빠르다. 한마디로 눈치가 있다. 상대의 감정에 공감도 잘하는 편이다. 결국 그만큼 감정적으로 예민하다는 것을 의미한다. 또 딸은 친구 문제로 인한 심리적 갈등도 크다. 또 동성인 엄마에 대한 의존도가 높아서 엄마를 귀찮게 하는 경향이 있다. 딸들은 대부분 애교를 부리거나 긍정적인 정서 표현을 많이 하지만 부정적인 정서 표현 또한 많이 한다.

아들과 딸의 차이는 사회·문화적 관습 때문에 비롯되는 것 같지만 꼭 그렇지만은 않다. 남자와 여자는 생애 초기의 두뇌 발달 측면만 봐도 다르다. 세 돌 전까지 딸은 소근육과 언어 능력이 먼저 발달하고, 아들은 대근육이 먼저 발달한다. 아들은 걷기 무섭게 뛰기 마련이고, 딸은 앉아서 무언가를 만지작거리며 논다. 아들은 공간 파악을 잘하고 딸은 사람의 얼굴을 잘 파악한다. 아들은 상황 파악을 잘 못하고 눈치가 없지만, 딸은 분위기 파악이 빠른 반면 감정적으로 예민하기 때문에 더욱 많이 배려해야 한다.

이런 성별에 따른 특성에 엄마라는 존재가 추가로 개입되면 그 관계는 더욱 복잡해진다. 자신도 모르게 아들과 딸을 대하면서 엄마가 변해가는 면도 있다.

아들도 남자다

아들을 키우는 엄마는 은연중에 말을 적게 하려는 경향이 있고 아이를 더 거칠게 다룬다. 딸을 키우는 엄마에 비해 아들을 덜 안아주기도 한다. 주의 산만한 성향의 아들을 키우는 엄마는 양육 스트레스가 높다는 연구 결과도 있다. 또 자기도 모르게 아들을 남편과 동일시하기도 한다.

특히 남편과의 관계가 좋지 않으면 아들까지 덩달아 미워하기도 하고, 때로는 남편과 다르게 이상화시키면서 대리만족을 하기도 한다. 더 나아가 무의식적으로 아들을 이성으로 여기는 경우도 있다. 그렇게 되면 엄마는 더욱 죄책감을 갖고, 그렇게 자란 아들은 지나치게 이성에게 외모로써 자신의 매력을 어필하고자 하는 히스테리적 성향을 가질 수 있다.

아들을 키우는 엄마는 아들도 분명 남자라는 점을 인식해야 한다. 단순히 자식으로 대하기보다 타고난 남성성을 인정해야 한다. 공격성과 에너지가 넘치는 아들 때문에 걱정되고 체력적으로도 힘들지만, 공격성과 에너지를 줄일

수는 없다. 모든 것을 안 된다고 막기보다 마음껏 움직일 수 있는 공간을 마련해주는 대안을 제시하는 게 바람직하다. 소파나 침대에서 뛰어내린다면 안전하게 뛰어놀 수 있는 장치를 마련해야 한다. 눈치 없고 상황 파악이 안 되는 아들 때문에 답답하고 짜증난다면 기다려줄 수 있어야 한다.

또 엄마가 자신의 감정을 찬찬히 설명함으로써 아이 스스로도 자신의 감정을 잘 알 수 있도록 해야 한다. 남자라는 이유로 감정을 통제하는 게 아니라 오히려 잘 표현하도록 도와주는 것이다. 그런 점에서 아들에게 속상할 때는 마음껏 울어도 된다고 가르치는 것도 중요하다.

또한 아들들은 자신을 아버지와 동일시하며 배우는 측면이 있는데, 엄마가 은연중에 그것을 막는 것은 아닌지 살펴봐야 한다. 엄마가 아버지와 동일시하는 것을 막을 경우, 아들이 문제 행동을 하게 될 가능성이 많아지기 때문이다. 아들은 엄마라는 필터를 통해 아버지를 바라보는 경우가 많다. 남편과의 관계가 좋지 못한 엄마가 아들에게 아빠에 대한 선입견을 주면 아들의 발달 측면에 좋지 않은 영향을 미친다.

딸은 나의 분신이 아니다

딸과 엄마의 관계는 아주 특별하다. 딸을 키우는 엄마는 은연중에 친정엄마로부터 경험한 자신의 어린 시절을 오버랩시키는 경향이 있다. 딸을 키우면서 딸이었던 자신이 자꾸 생각나기 때문이다. 그래서 딸을 키우는 엄마가 친정엄마에게 "그때 나한테 왜 그랬어?"라는 말을 자주 하기도 한다.

하지만 친정엄마에게 섭섭했거나 화가 났던 것을 기억하면서도, 오히려 친정엄마의 모습을 자신의 딸에게 반복한다. 친정엄마가 아버지에게 가졌던 남성상을 은연중에 자신도 남편에게 적용하고 있을 수도 있다. 그리고 자신의 딸도 결혼을 하면 남편에게 그대로 적용하는 감정 대물림을 하게 된다. 친정엄마를 동일시하며 비슷한 삶을 반복하는 동시에, 딸과 자신을 동일시하기도 한다.

딸을 키우는 엄마들은 딸은 나와 별개의 존재라는 것을 인식하는 것이 중요하다. 자신이 딸을 바라보는 관점은 의도하지 않아도 자신의 어린 시절과 쉽게 오버랩된다. 딸을 바라보는 시선이 객관성을 잃기 쉽다는 것이다.

딸을 키우면서 복잡한 감정을 경험한다면, 단순히 딸과 자신의 관계에서 나오는 감정이 아니라 어릴 적 친정엄마와의 관계에서 경험한 감정의 기억이 되살아나는 것일 수 있다. 자신도 모르게 딸과 동일시하며 심리적 갈등을 해소하려는 건 아닌지 스스로 돌아봐야 한다.

내 아이의 성별을 누리자

엄마들마다 아들과 딸 중 선호하는 성별이 있을 수 있다. 그리고 아들과 딸을 키우는 엄마들이 경험하는 생각과 감정은 분명 다르다. 그런데 어떤 엄마도 아들과 딸을 선택할 수는 없다. 성별에 집착해서도 안 되지만 성별을 무시해서도 안 된다. 원하지 않았던 성별이라고 외면하고 싶을수록, 오히려 자신의 마음을 더욱 구체적으로 파악하고 있어야 한다.

아들과 딸은 각각 독특한 특성이 있다. 그리고 엄마는 다른 성별에서는 결코 얻을 수 없는 독특한 경험을 하게 된다. 아들이든 딸이든 자식은 소중한 선물이다. 아들과 딸을 제대로 이해하고 아들과 딸을 대하는 자신의 태도를 인식한다면, 아이 키우는 기쁨을 마음껏 누릴 수 있을 것이다.

02.

나이 많은 엄마 × 나이 어린 엄마

"나이 때문에 힘들다면 반대로 그만큼
수월한 면도 있다는 것을 인식하면 어떨까?"

나이 많은 엄마의 고충

나이듦에 대한 두려움은 모든 여성이 느끼는 원초적인 감정이다. 그리고 엄마가 되면 누구나 불안하다. 최근에는 유독 나이든 엄마들이 많아졌다. 결혼 연령 자체가 늦어지기도 했지만, 난임부부가 많아지면서 임신까지의 기간이 길어진 이유도 있다. 또 한두 번 유산을 하면서 어렵게 아이를 갖게 된 경우도 많다. 이런 경우 기쁨이 크지만, 힘들게 얻은 아이에게 무슨 일이라도 생기지 않을까 노심초사하며 아이가 뱃속에 있을 때부터 긴장과 부담을 계속 느낀다.

더구나 임신 연령이 만 35세 이상이면 이것저것 추가 산전검사를 권유받는다. 대부분의 엄마는 혹시 모를 위험에 대한 불안감으로 값비싼 검사를 받는다. 톱스타 연예인들이 마흔 넘어 건강하게 아이를 출산하는 것을 보고 용기를 얻으면서도, 병원에만 다녀오면 잔뜩 겁을 먹고 주눅이 든다.

문제는 이런 염려와 불안감이 아이가 태어나서도 지속된다는 점이다. 아이가 어린이집에 다니면 나이 때문에 다른 엄마들을 만나고 관계를 맺는 것조차 걱정스럽다. 사실 나이 많은 엄마들은 아이와 함께 문화센터에만 가도 왠지 위축되는 경험을 한다. 가장 힘든 건 나이가 들어 보이는 외모에 대한 콤플렉스다. 안 그래도 탄력을 잃어가는 몸은 물론이고, 잡티 하나, 주름 하나에도 스트레스를 받는다. 아이가 초등학교에 들어가고 나더니 엄마는 왜 다른 엄마들처럼 안 예쁘냐, 옷 좀 예쁘게 입고 다니라고 말할 때는 가슴이 새까맣게 타들어간다. 혹시라도 아이가 나이 많은 엄마 때문에 스트레스를 받을까 봐 다른 엄마를 만나는 것도 꺼려진다.

육아는 체력전이라고 하는데, 그 말도 실감한다. 한 해 한 해 나이가 들수록 날다람쥐 같은 아이를 쫓아다니는 것도 체력적으로 한계를 느낀다. 젊은 엄마가 혼자 아이를 데리고 해외여행 다니는 걸 보면 부럽기도 하고 아이에게 미안해지기도 한다.

아이가 안아달라고 보채면 덥석 겁부터 나고, 체육대회나 발표회 등을 한다고 하면 가슴에 돌덩이를 얹어놓은 것처럼 마음이 무겁다. 나이 많은 엄마라는 것을 만방에 광고하는 이벤트가 될 수도 있기 때문이다. 젊은 엄마들이 아이를 가뿐히 들어올리고 아이와 함께 놀아주는 것을 보면 젊어서 낳았으면 좋았을걸 하는 아쉬움을 넘어 속상한 마음이 자주 든다. 괜히 나이든 엄마 때문에 아이가 누려야 하는 것을 놓치지 않을까 아이를 키우는 내내 미안한 마음이다.

엄마 나이가 어려도 힘들다

"어머! 엄마가 아니라 이모인 줄 알았어요!"

듣기 좋은 노래도 한두 번이지 이제는 그런 말을 들으면 은근 짜증이 치솟는다. 20대 중반 얼결에 엄마가 되어 사회생활도 거의 안 한 데다, 그런 질문에 어떻게 대답해야 할지 젊은 엄마들은 난감하다. 다른 엄마들보다 어려서 체력은 좋을지 몰라도 매사에 자신감이 없고 주눅이 든다.

어린 나이에 멋모르고 아이를 낳았으니 육아 지식은 고사하고 인생의 지혜가 전반적으로 부족한 것도 사실이다. 스스로 난 아직 어리니까 많이 배워야 한다는 마음을 기본으로 깔아야 하는 것도 스트레스로 다가온다.

게다가 아이가 커가면서 본격적으로 육아 전쟁에 돌입하면, 생각지도 못한 비교의식으로 마음이 힘들다. 아직도 미혼인 친구들은 여전히 옷도 예쁘게 입고 여행도 자주 다니는 싱글의 삶을 맘껏 즐기고 있는데, 나는 결혼을 빨리 해서 이 고생을 한다는 후회마저 든다. 아이를 출산하고 재

취업을 준비하는 경우, 경제적으로 안정이 되지 않아 당장 어떻게 아이를 키우나 싶은 부담감과 압박감도 크다. 더구나 어린 부부가 모두 경제적 능력이 부족할 때는 양가의 도움을 받아가며 아이를 키우기도 한다. 그럴 경우 부모님에 대한 죄송한 마음과 동시에 부모님이 지나치게 육아에 간섭할 경우 또 다른 갈등에 직면한다.

아이가 어느 정도 커서 어린이집에 다니기 시작하면 나름의 고충과 함께 때로는 피해의식마저 생긴다. 다른 엄마들을 만나면 은근 나이가 어리다고 동생 취급하는 엄마들도 많다. "자기는 젊을 때 아이 낳아서 좋겠다" 말하는 어떤 엄마 말이 곧이곧대로 들리지 않는 날도 많다. 엄마 모임에 나가도 언니들을 모셔야 할 판이니, 연락을 하는 자질구레한 일은 모두 나이 어린 엄마들의 몫이다.

엄마들과 이야기를 하다가 잘 모르는 게 있어서 조심스레 물어보면, 아직 나이가 어려서 세상물정 모른다는 식으로 대놓고 말하는 엄마들 말에 상처도 받는다. 엄마가 되어 미뤄둔 꿈이 있을 때엔, 아이한테만 올인하다 주저앉게 되는 건 아닌지 심리적인 갈등으로 다가오기도 한다.

이런 어려움 때문일까. 엄마 나이가 어리다는 것이 육아 우울증의 위험 요인 중 하나라는 연구 결과도 있다. 이래저래 엄마 나이가 어린 것도 힘들기는 매한가지다.

이 세상 엄마는 모두 힘들다

나이가 많든 젊든 모두 자신의 처지가 더 힘들고 남의 떡이 더 커 보인다. 나이 많은 엄마와 어린 엄마 둘 다 힘들기는 마찬가지다. 다 같은 엄마이기 때문이다. 나이는 육아 고충에 약간의 영향을 미칠 뿐 대세에는 지장을 주지 않는다. 다만 자신의 처지를 부정적으로 바라보고 자책한다면 엄마의 삶은 더 힘들어진다.

누구든 심리적으로 건강하려면 자신의 상황을 있는 그대로, 또 객관적으로 바라보는 능력이 필요하다. 많은 부분은 열심히 노력하면 바꿀 수 있지만, 나이는 제아무리 능력자여도 절대 바꿀 수 없다. 내 나이가 이래서 힘들다는 생각이 들면, 반대로 그만큼 수월한 면도 있다는 것을 인식하면 어떨까. 알게 모르게 나이 때문에 생기는 엄마들 관계의 어려움을 마주할 때에도 조금은 마음의 여유가 생길 것이다.

03.

외동 엄마

×

다둥이 엄마

"내 힘으로 바꿀 수 없는 것에 대해서는
후회하거나 집착하지 말자. 각각의 상황에서 일어날 수 있는
긍정적 측면을 바라보며 양육 효능감을 갖는 것이 좋다."

외동맘과 다둥이맘의 보이지 않는 벽

요즘 세상은 먹고사는 일이 점점 더 힘들어지고 있다. 어쩔 수 없이 맞벌이가 늘어나고, 양육에 있어도 '양'보다는 '질'을 중시하는 풍조 때문에 아이 하나 더 키우는 일이 현실적인 부담감으로 다가온다. 하나만 낳아 잘 키우고 싶다가도, 형제자매가 없으면 아이의 사회성이나 정서 발달에 문제가

생기지 않을까 하는 우려 때문에 마음이 오락가락한다.

이런 마음 때문일까. 외동맘과 다둥이맘은 보이지 않는 벽을 경험하기도 한다. 외동맘은 처음이라 쓸데없는 것에도 신경쓰는 내공 부족한 사람으로 여기는 듯한 다둥이맘의 태도에 위축되면서도 화가 나기도 한다. 결국 다둥이맘과의 만남을 점차 꺼리게 된다.

아이 하나만 키우는 엄마들

서율 엄마는 산후조리원 시절 친해진 다섯 엄마와 정기적으로 모임을 갖고 있다. 친목의 의미도 있지만 아이의 발달 정도가 같아 정보를 공유하기 좋아서다. 그렇게 3년을 지내다보니 최근에 고민이 생겼다. 모임에 나오는 엄마들이 형제가 있으면 힘들지만, 둘이 잘 놀고 사회성 발달에도 좋다는 둥 서율이 동생을 가지라고 권유하기 때문이다. 그런 얘기를 듣다보면 동생을 만들어주지 않아 아이한테 미안하다는 생각이 든다.

모임에 나온 큰애가 작은애를 데리고 다니며 노는 모습을 본 날엔 혼자인 서율이가 딱해 보이기도 한다. 외동으로 키우면 사회성 발달이 느려지거나 자기만 아는 등 성격 발달에 문제가 생기지는 않을까, 또 서율이를 키우면서 반복했던 수많은 시행착오를 생각해보면 동생은 좀 더 수월하게 키울 수 있지 않을까 이런저런 생각이 든다. 그런 생각을 할 때마다 아이 혼자 있는 모습을 보면 외로워 보이기도 하고, 혼자서도 잘 노는 모습을 보면 괜찮을 것도 같아 이래저래 고민이다.

아이 둘 이상 키우는 엄마들

연년생인 시원이와 채원이 엄마는 매일 전쟁을 치르는 기분이다. 동생이 태어나면서부터 시작된 큰아이의 질투가 점점 줄어드는가 싶었는데, 이제는 둘째가 언니의 물건에 손대기 시작하면서 문제를 일으키기 때문이다. 큰아이가 동생한테 양보도 잘하는 편인데, 동생이 막무가내로 자기 주장이 강해지면서 언니를 못살게 굴고 대드니, 결국 둘 다 울며불며 엄마한테 달려드는 것으로 끝난다. 언니 편을 들자니 동생이 서러워하고 동생한테 양보하라고 하면 언니가 서운해하니, 이러지도 저러지도 못하는 일상이 반복되어 매일 지친다. 결국 매번 둘 다 혼내는 것으로 마무리되는데, 아이들 정서에 좋지 않은 영향을 미칠까 봐 걱정이 든다.

두 아이 모두에게 좋은 엄마가 되고 싶지만 그게 불가능하다는 것을 깨달은 그녀는, 이제는 그런 마음조차 포기한 지 오래다. 그저 둘이 싸우지 않고 하루라도 소리지르는 날이 없으면 좋겠다는 바람뿐이다. 큰애를 보면 한창 엄마 아빠의 사랑을 독차지할 나이인데 미안하고, 한편으로 부모의 사랑을 독차지한 경험이 전혀 없는 둘째에게 또 미안한 마음이다. 둘 중 하나만 키운다면 마음의 여유를 갖고 아이를 더 잘 키울 수 있을 것 같은 생각도 불쑥불쑥 든다. 한 명이었다면 충분히 사랑받고 안정적으로 키웠을 텐데 괜히 둘째를 낳았나 싶다.

엄마의 양육 태도

예전에는 외동아이에 대한 부정적인 편견이 많았다. 하지만 최근에는 외동이든 형제가 있든 사회성과 정서 발달에 별 차이가 없다는 연구 결과가 있다. 일례로 학령 전기까지 외동아이와 첫째 아이는 정서 행동 문제나 사회 발달 문제를 좀 더 보이기도 한다. 하지만 초등학생 이후에는 정서 행동이나 사회성에 차이가 없는 것으로 나타났다.

하지만 아무리 연구결과가 그렇다 한들 엄마 입장에서 보면 다르다. 아이가 하나면 엄마는 불안해서 과잉 보호적 양육을 하기 쉽고, 아이가 둘 이상이면 물리적 한계 때문에 통제적인 양육을 하기 쉽기 때문이다. 외동이냐 아니냐에 따라 엄마의 양육 태도 자체가 달라질 수 있는 것이다.

외동 엄마의 좋은 점

일반적으로 아이가 하나면 엄마는 아이에게 상대적으로 충분한 관심을 줄 수 있다. 아이도 엄마를 더 애정적으로 인식하고 높은 질의 상호작용을 경험한다. 그렇기 때문에 엄마는 더 수용적인 태도를 보이는 편이다. 형제가 있는 아이에 비해 경쟁심이나 질투에 의해 성격이 비뚤어질 가능성도 적다.

외동아이를 키우는 엄마의 지나친 애정과 관심이 아이를 과보호하는 경향이 있고, 아이의 능동적 학습 역할을 박탈해 의존성을 야기한다고 알려졌지만, 최근에는 언어 및 지적 발달이나 성취에 긍정적인 결과를 가져온다고 알려졌다. 엄마가 아이에 대해 높은 기대치가 있어 성취동기에 영향을 미치고, 결국 내적 통제력을 향상시킨다는 것이다.

더구나 외동아이가 신체적으로 더 건강하다는 연구 결과도 있다. 그러므로 외동맘은 아이가 하나라서 위축될 필요가 없다. 오히려 질 높은 양육을 할 수 있다는 양육 효능감을 가져야 한다.

둘이기 때문에 오히려 자신감을 가져야 한다

반면 아이가 둘이면 아이는 둘이고 엄마는 하나라는 물리적 한계 때문에 엄마는 심리적·신체적으로 고갈될 수밖에 없다. 연구 결과를 보아도 아이가 둘 이상이면 외동일 때보다도 권위주의적이고 통제적으로 양육을 하는 것으로 나타났다.

하지만 둘이기 때문에 아이들이 경험하는 꽤 중요한 장점이 있다. 바로 형제가 서로에게 매우 긍정적인 영향을 미친다는 점이다. 형제라는 관계는 다른 가족 관계와 달리 본질적으로 평등함을 바탕으로 한다는 측면에서 독특하다. 형제가 서로에게 지지자 역할을 하는 것이다.

특히 만 4세가 넘어가면 부모보다 형제와 지내는 시간이 두 배 이상 많아지는데, 맞벌이의 경우에는 특히 그렇다. 더구나 부모 역할에 문제가 있는 가정에서는 각각 아이의 발달에 형제의 존재가 매우 중요하다. 첫째가 교사와 보호자 역할도 하고, 둘째가 학습자와 추종자 역할도 한다.

이러한 점은 양쪽 모두에게 결정적인 학습 경험을 제공하고, 이는 서로의 지적 발달에 긍정적인 영향을 미친다. 또한 형제 관계를 통해 대인 관계의 기초가 되는 협동과 경쟁 및 그로 인한 갈등을 학습할 수 있다.

엄마 입장에서 각각의 아이에게 신경써주지 못한다는 마음 때문에 위축될 필요는 없다. 오히려 형제 관계를 통해 질 높은 양육이 일어날 수 있다. 둘이라서 더 좋다는 양육 효능감을 가지는 것이 중요하다.

내 힘으로 바꿀 수 없는 것에는 후회하지 않기

외동이든 형제가 있든 각각의 장단점이 있다. 아이의 발달에 가장 중요한 영향을 미치는 변수는 양육 상황에 대한 엄마의 태도다. 외동이든 형제가 있든 엄마가 양육 효능감을 갖는다면 각각의 장점을 잘 발휘할 수 있다. 그러기 위해서는 자신의 상황에서 느껴지는 불안감과 죄책감의 근본이 무엇인지 따져봐야 한다. 아이의 상황을 엄마 자신이 부정적으로 인식하고 있다면, 이를 깨닫고 객관적인 시각을 가질 필요가 있다.

엄마로 살다보면 원치 않아도 이런저런 신경쓸 일이 많다. 아이가 하나든 둘이든 또는 셋이든 내 힘으로 바꿀 수 없는 것에 대해서는 후회하거나 집착하지 않아야 한다. 자녀 계획을 고민하고 있다면, 각각의 장단점을 인지하고 각각의 상황에서 일어날 수 있는 긍정적 측면을 바라보는 것이 좋다.

04.

의심이 많은 엄마

×

의심이 없는 엄마

"어떤 상황에서든 객관성과 균형성을 전제한

적절한 의심은 필요하다."

감정적으로 불안한 엄마들의 삶

개인의 감정 상태는 생각에 많은 영향을 미친다. 어떤 대상이나 상황을 합리적이고 객관적으로 보기보다 부정적인 방향으로 편중되어 해석하게 만든다. 감정이 불안정할 때는 생각도 균형을 잃는다.

엄마의 삶을 살다보면 여러 가지 이유로 감정이 불안

정해지기 쉽다. 어린이집 학대 뉴스와 지나친 사회적 이슈는 그런 엄마의 불안정한 감정에 불을 지피고, 과도한 의심을 낳아 더욱 불안한 감정으로 이끈다.

의심이 많은 엄마들

무한 반복으로 곳곳에서 재생되는 어린이집 학대 CCTV 장면은 엄마 한 사람 한 사람의 기분에 영향을 미친다. 우리 아이한테도 뭔가 이상한 일이 일어나고 있을지도 모른다는 느낌, 구체적으로 표현할 수는 없지만 뭔가 불길하고 섬뜩한 느낌이 든다. 점점 어린이집 교사에 대한 의심이 강화될 수밖에 없다.

사실 제3자의 입장에서 전혀 얼토당토않은, 병적으로 과도한 의심이 생기는 이유는 개인이 느끼는 어떤 분위기 또는 기분 상태에서 시작된다. 예를 들어 심한 우울증 상태에서는 과도한 의심이 동반되는 경우가 많고, 의심이 아니라 확신하는 망상까지 동반되기도 한다.

더구나 의심과 불안이 반복되는 가운데, 그 대상을 은연중에 공격적으로 대해 상대방에게 적대감까지 유발시킨다. 상대방, 즉 어린이집 선생님도 사람이기 때문이다. 의심으로 인한 공격적 표현, 이 표현을 받는 사람들의 적대감이 은연중에 자신에게 다시 돌아오면 의심은 더욱 강화된다. 이런 악순환의 고리가 지금도 수많은 어린이집 교사와 학부모 사이에서 만들어지고 있다.

무조건 100퍼센트 믿는 엄마들

그런데 어떤 엄마들은 의심 많은 엄마들과 정반대의 모습을 보인다. 아이를 학대한 어린이집 교사에 대한 이야기가 엄마들 사이에서 오갈 때, 우리 아이 선생님은 절대 그럴 리 없다며 확신을 가지고 이야기한다. 더불어 이런 때일수록 선생님을 100퍼센트 믿어주어야 한다며 성인군자 같은 모습을 보인다. 이런 엄마들은 감정적으로 편안하기 때문에 의심이 없는 걸까?

무조건 믿는 엄마들의 경우도 생각의 균형을 잃은 것은 마찬가지다. 한번 의심을 시작했을 때 몰려오는 걱정, 불안, 분노 등 스스로 주체할 수 없는 생각과 감정의 소용돌이 때문에 무의식적으로 심리적 갈등을 피하기 위해 미리부터 차단하는 것이다. 이를 방어기제 중, '반동형성'이라고 한다.

더구나 엄마로 살면서 어쩔 수 없이 형성되는 지나친 도덕성으로 인해 의심 자체를 마음속에서 차단하는 과정까지 더해진다. 의심하는 것은 나쁘고 이런 나쁜 생각을 하면, 우리 아이에게 나쁜 영향을 미친다고 생각한다. 그래서 적절한 의심조차 스스로 용납할 수 없어 억누르는 것이다. 아이가 긍정적으로 자라길 바라는 마음이 큰 나머지, 엄마도 애써 매사에 긍정적이고 이상적인 마음을 가지려고 노력하는 것이다.

끊임없이 의심하는 엄마의 삶

엄마의 삶을 살면 의심과 관련된 복잡한 감정으로부터 자유롭기가 쉽지 않다. 엄마들은 그만큼 의심이 낳는 심리적 갈등에 취약하다. 그런데 더 깊이 그 이면을 탐색해보면 이와는 반대로 엄마의 심리적 갈등이 의심을 낳기도 한다. 이와 관련된 가설 가운데 중요한 두 가지는 '자존감의 상처'와 '경직된 감정'이다.

엄마는 상처받기 쉬운 존재다. 자신감은 어떠한 행동을 잘할 수 있다는 믿음인데, 엄마로 살면 자신감 저하를 넘어 자존감에 상처를 받는 일이 많다. 엄마로서 어떤 역할을 잘하고 못하고는 단순히 '육아'에 대한 부분인데, 자신의 존재 자체를 부정적으로 인식하고 자존감이 저하되는 상황에까지 다다른다.

누구나 자존감에 손상을 입으면 견디기 힘들 만큼 괴롭다. 이를 자기 나름의 방법으로 보상하는 방법 중 하나가 사사건건 남을 의심하는 방향으로 생각하는 것이다. 의심과 함께 동반되기 쉬운 다른 사람에 대한 비난은 알게 모르게 경험하는 굴욕감, 수치심, 손상된 자존심에 대한 방어책이다. 본성에 가까운 증오심과 함께 공격할 대상을 정해 투사해서 비난함으로써, 스스로의 행동을 정당화시키는 것이다.

엄마 특유의 '경직된 감정' 또한 의심을 낳기 쉽다. 보통 감정적인 자기표현이 제한된 성격은, 자신의 고유한 생각과 감정에 있어서 경직된 초자아의 통제를 받는다. 쉽게 말해 매사에 높은 도덕적 잣대를 들이대는 것이다. 그런데 엄마로 살면 자기 고유의 성격과 상관없이 감정적인 자기표현을 억누르는 경우가 많다. 엄마가 되면 화가 나는 일이 많지만 아이에게 화를 내지 않기 위해 고군분투한다. 하지만 자신과의 싸움에서 백전백패하는 것 역시 엄마의 삶이다.

그러다보면 아예 원천봉쇄하는 방법, 즉 '화'라는 자연스러운 감정을 느끼지 않는 부자연스러운 방법을 터득하기 쉽다. 한쪽 방향의 감정만 억압하기는 어려워, 사람이면 누구나 경험하는 희로애락의 기본적인 감정조차 통째로 억누르게 된다. 사람이 감정을 억누르기 위해 하는 흔한 행동은

'끊임없이 생각하는' 것이다. 끊임없이 생각하기 위해 한 번 생각하고 말 것을 두 번, 세 번 생각하고, 굳이 연관시키지 않아도 될 일을 연관시킨다. 이게 바로 의심의 시작이다.

객관성과 균형을 전제한 적절한 의심은 필요하다

아이와 아이를 둘러싼 환경에서 언제나 최적의 도움을 주고 싶다면, 그전에 반드시 해야 할 일이 있다. 아이와 환경에 대해 객관적이고 균형 있게 파악하는 것이다. 하지만 엄마 특유의 감정적 취약함 때문에 양극단적으로 과도한 의심, 아니면 반대로 'No 의심' 중 하나의 노선을 선택하기 쉽다.

어린이집 선생님을 평가 절하하는 것도, 반대로 이상화하는 것도 아이와 엄마 그리고 선생님에게 모두 위험하다. 엄마의 과도한 의심이 은연중에 공격적인 말과 행동으로 드러나고, 선생님의 적대감을 유발한다고 해서 의심의

싹을 아예 잘라버리는 것 역시 위험하다는 말이다. 여러 가지 복잡한 상황에서 그에 맞는 적절한 의심을 할 수 있는 객관성이 필요하다.

부부간에 외도가 일어나는 다양한 경우 중, 한쪽이 배우자를 100퍼센트 믿었을 때가 꽤 흔하다. 누울 자리를 보고 다리를 뻗는 게 어쩔 수 없는 사람이기 때문이다.

엄마도 완벽할 수 없는 사람이다. 마찬가지로 어린이집 선생님도 완벽할 수 없다. 아이 하나둘 돌보기도 힘든데 여러 아이를 엄마처럼 돌보기란 사실상 불가능하다. 선생님이 완벽할 수 없다는 것을 인정하되, 과하지도 덜하지도 않은 적절한 의심은 필요하다. 그것이 내 아이에게 가장 바람직한 도움을 줄 수 있다.

05.

콤플렉스 많은 엄마

×

콤플렉스 없는 엄마

"모든 사람은 콤플렉스가 있고, 또 있어야 정상이다.
콤플렉스를 잘 소화시키고 의식화하고 이해하고
깨닫는 것은 중요하다."

일반적인 콤플렉스란?

엄마가 되면 이전보다 감정적으로 더욱 복잡해진다. 종종 느끼는 마음속 응어리가 더욱 강렬해지는 경험을 한다. 인간의 감정을 자극하는 마음속 응어리를 분석심리학에서는 '콤플렉스'라고 하는데, 콤플렉스는 그 에너지가 굉장하기 때문에 한번 자극되면 격렬한 감정 반응을 일으킨다. 흔히 사람들은 콤플렉스 하면 작은 키 콤플렉스, 학벌 콤플렉스와 같이 문제점, 약점, 열등감과 같은 것으로 생각하지만, 부정적인 감정뿐만 아니라 모든 감정 반응을 일으킬 수 있다. 우월감, 즐거움, 행복, 분노, 공포 등 모든 감정이 가능하다. 콤플렉스란 글자 그대로 정신적인 여러 감정이 뭉쳐 있는 것이다.

콤플렉스 많은 엄마들

콤플렉스가 부정적인 감정만 일컫지 않음에도 불구하고 부정적 감정과 관련된 콤플렉스를 많이 보이는 엄마들이 있다. 원하는 학벌을 가지지 못했을 때, 남편이 가부장적인 경우, 또 기대했던 시부모상이 아닐 때, 꿈꾸던 경제적 상황이 아닐 때, 아이를 키우면서 외모가 점점 못마땅하게 느껴질 때, 또 다른 엄마들과 관계 맺는 게 어려워 인간관계를 잘 못한다는 생각이 들 때 등. 부정적인 감정을 경험하면 그것을 자신의 콤플렉스라고 여긴다. 이것이 약점으로 여겨지는 동시에 열등감으로 인식해 스스로를 괴롭히는 것이다. 때로는 자신의 콤플렉스를 쉽게 오픈하기도 하지만 상대방은 쿨하게만 반응하기 힘들다.

콤플렉스가 없는 엄마들

이와는 반대로 콤플렉스가 없는 엄마도 있다. 좀 더 정확하게 말하면 응어리가 있어도 인식하지 못하고, 자신은 물론 남들도 자신을 콤플렉스가 없는 사람으로 바라볼 거라 생각한다. 집안도 직장도 탄탄하고, 남부러운 외모와 몸매까지 지닌 그녀들은 엄마들 사이에서 눈에 띈다. 다 가졌으니 콤플렉스라고는 전혀 없는 것처럼 보인다. 항상 여유로운 모습을 보고 있자면 마음까지 편해 보이고 더 이상 바랄 게 없어 보인다.

하지만 콤플렉스가 없어 보이는 엄마들을 계속 만나다보면 처음에는 느끼지 못한 왠지 모를 불편한 분위기가 있다. 분명 콤플렉스가 없어 보이는데도 편안해 보이지 않는다. 그 이유가 뭘까?

콤플렉스를 외면하지 않는다

콤플렉스는 많든 적든 그 자체로는 문제가 없다. 다만 개인이 그것을 모르거나 무시할 때 문제가 된다. 부러우면 지는 게 아니라, 부러운 줄 모르면 지는 셈이다. 자기 자신도 인식할 수 없는 무의식에 콤플렉스가 갇혀 있으면, 감정적인 문제가 있을 때 그것을 의식적으로 통제할 수 없게 된다. 콤플렉스가 오랫동안 무의식에 있으면 그 에너지가 점점 강해져 의식을 자극하는 일이 자주 일어난다. 결국 우울, 불안, 분노, 신체화 등의 신경증적 증상을 일으킨다.

물론 아이 키우는 엄마 입장에서는 이런 감정이 자신뿐 아니라 아이에게 향하고 영향을 줄 수밖에 없다. 그러므로 콤플렉스로 인한 부정적 영향을 줄이려면, 콤플렉스를 외면하지 말고 의식적으로 인식해야 한다. 그러기 위해 겉으로 나타나는 모습보다 그 이면에 있는 것을 보려는 노력을 해야 한다.

콤플렉스가 많은 엄마일수록 진짜 콤플렉스를 모를 수 있다

엄마들을 처음 만나는 자리에서 "나는 이런저런 콤플렉스가 있어요"라고 대놓고 말하는 엄마를 보면 참 겸손해 보인다. 하지만 그 엄마와 많은 시간을 보내다보면 왠지 모르게 마음이 편하지만은 않다. 스스로 방어막을 치는 것이기 때문이다. "나의 콤플렉스와 관련된 대화가 진행되면 감정적으로 힘들어지니 미리미리 조심해주세요"라는 일종의 경고인 셈이다. 때로는 남들에게 대놓고 말하는 콤플렉스는 자신에게 진짜 중요한 콤플렉스가 아닐 가능성도 크다.

정말 자신이 알고 있어야 할 콤플렉스를 외면하기 위해 표면적인 콤플렉스로 위장할 수도 있다. 단지 자신에게 국한되지 않고 누구나 다 있을 법한 콤플렉스를 나열함으로써 자신의 숨기고 싶은 무의식을 포장하는 것이다. 그런 패턴이 반복되면 자신의 무의식을 인식하기가 점점 어려워진다. 잠시나마 콤플렉스로부터 편해지기 위해 표면적인 콤플렉스를 앞세워 중무장하지만, 진짜 이면의 콤플렉스는 그만큼 다가가기 어려워져 한번 자극되면 감정적으로 견디기 힘들 만큼 괴롭다.

콤플렉스가 없는 엄마일수록 콤플렉스가 클 수 있다

모든 것이 완벽해서 콤플렉스가 전혀 없어 보이는 엄마가 편안해 보이지 않는 이유는 무엇일까? 그것은 콤플렉스가 마음 깊은 곳에 있어 잘 드러나지 않아, 그것이 자극될 때 은연중에 말과 행동으로 무의식의 갈등이 표출되기 때문이다. 감정적인 갈등으로부터 일시적으로 편안한 마음을 갖기 위해 자신의 허물을 남의 탓으로 돌리는 현상을 '투사'라고 한다. 프로이트의 이 개념을 좁은 의미의 투사라고 한다면, "무의식에 있는 것은 무엇이든지 밖으로 투사될 수 있다"라고 말한 융의 개념은 넓은 의미의 투사이다. 융의 관점에서 보면 '투사'란 문제라기보다는 '보편적인 심리' 현상이다.

엄마로 살면서 경험하는 좋고 나쁜 감정과 좋고 나쁜 생각의 많은 부분은, 알고 보면 우리 마음에서 기인한다. 내가 가지고 있으면서도 내가 모르는 내 마음의 한 부분이 투사되면, 마치 내가 아닌 남에게 있는 것처럼 여겨지는 것이다.

콤플렉스를 알아가는 과정이 중요하다

모든 사람은 콤플렉스가 있으며, 있어야 정상이다. 콤플렉스를 잘 소화시키고 의식화하고 이해하고 깨닫는 것은 정말 중요하다. 융은 이렇게 말했다.

> "사람들은 자신이 어떤 콤플렉스를 가지고 있는지 안다.
> 그러나 콤플렉스가 그를 가지고 있다는 것을 모른다."

사람들은 자신에 대해 잘 알고 있으며 자신의 콤플렉스에 대해 충분히 안다고 단정한다. 그래서 더 이상 콤플렉스에 대해 잘 알려고 하지 않거나 두려워서 외면하고 피한다. 끊임없이 알아가려는 노력이 심리적 안정에 큰 도움이 되지만, 알려고 노력한들 제대로 알기 힘든 것이 무의식이고 콤플렉스이다. 어떻게 해야 무의식에 숨겨진 콤플렉스에 조금이라도 더 가까이 다가갈 수 있을까?

아이와의 관계, 남편과의 관계, 시댁과의 관계 그리고 다른 엄마들과의 관계에서 '투사' 현상이 수시로 나타나기 때문에 엄마들은 감정이 끊임없이 요동친다. 하지만 엄마도 사람이기에 아이든 남편이든 또 다른 엄마든 투사 없이 그 대상을 객관적으로 파악하기란 불가능에 가깝다.

그런데 이러한 투사가 무의식에 꼭꼭 숨겨둔 콤플렉스를 깨달을 수 있는 절호의 기회이기도 하다. 투사되지 않고 무의식 안에 숨겨져 있을 때에는 그 내용을 알기 어렵기 때문이다.

콤플렉스를 아는 일은 내 마음을 알아가는 일

결국 투사된 자신의 무의식을 인식하고, 남에게 쏘여진 마음을 다시 나에게로 가져오는 일은 그래서 중요하다. 그 과정을 통해 좀 더 성숙한 엄마로 성장할 수 있다. 어떤 사람에 대해 미움이나 호감 등 강렬한 감정을 느낄 때, 그 사람에게 집착해서 헤어 나오지 못할 때, 도대체 자신이 왜 그러는지 그 이유를 알지 못해 혼란스러울 때에는 자신의 무의식을 투사하고 있을 가능성이 크다.

누군가를 맹렬히 비난하고 싶거나 반대로 누군가를 필요 이상으로 칭찬하고 높이 평가하고 싶을 때, 무의식에 가둬둔 콤플렉스의 투사가 아닌지 생각해보아야 한다. 그러한 기회를 통해 조금씩 자신의 마음을 알아가는 것은 성숙한 엄마가 되는 지름길이다.

06.

잠이 없는 엄마

×

잠이 많은 엄마

"매일은 어렵더라도 일주일에 하루이틀 정도는
아이와 다른 공간에서 충분한 수면을 취해야 한다."

엄마의 삶에서 가장 중요한 '수면'

아이 키우는 엄마가 가장 신경쓰는 것은 아이가 잘 자고 잘 먹는지이다. 굳이 배우지 않아도 본능적으로 먹고 자는 일이 중요하다는 것을 알고 있다. 하지만 정작 아이를 키우는 엄마는 아이를 출산하자마자 잘 자지 못한다. 육아의 현실이라고 하기에는 잠이 양육자에게 미치는 영향이 너무나 크다.

푹 자고 싶은 엄마들

푹 자는 게 소원인 엄마가 푹 자기 싫어하는 아이를 매일 마주해야 하는 아이러니한 상황이 육아에서는 자주 펼쳐진다. 생후 5개월 된 정욱 엄마는 출산한 이후부터 지금까지 잠 한 번 푹 자보면 소원이 없겠다고 노래를 한다. 아이를 낳으면 편하게 산후조리를 할 줄 알았는데, 모자동실이 아이에게 좋다는 말에 병실에 아이와 함께 있었다. 게다가 젖이 나올 때까지 열심히 빨게 해야 한다며 밤새도록 우는 아이에게 젖을 물려야 했다. 기다리던 젖이 돌고 이제 잠 좀 자나 싶었는데, 한 번 수유를 하고 나면 두 시간도 채 안 되어 또다시 수유해야 하는 상황이 낮이고 밤이고 반복되었다. 다들 이런 과정을 거친다고 하지만 엄마가 되는 게 어렵고 힘들었다.

먼저 엄마가 된 친구들은 아이가 밤에 깨지 않고 오랜 시간 잠자는 100일의 기적이 온다며, 참고 견디라는 조언만 할 뿐이었다. 그 말을 믿고 견뎠더니 거짓말처럼 100일의 기적이 찾아왔지만, 잠 한 번 푹 자보는 일은 여전히 희망사항에 불과했다.

잘 수 없는 엄마들

"혹시 잠이 잘 안 오거나, 많이 자도 피곤하지 않나요?"

이 질문은 우울증 환자를 진료할 때 우울증의 정도를 판단하기 위해 꼭 필요하다. 일정 수준 이상으로 신경학적이거나 심리적으로 문제가 생기면, 기본적인 수면 패턴에 영향을 미친다. 수면 패턴이 바뀌면 세로토닌 분비가 충분하지 못해 예민해지고, 부정적인 생각을 하는 등 우울 증상이 나타나는 악순환이 반복된다. 사람의 심리는 수면 패턴과 서로 영향을 주고받을 뿐 아니라, 신체적인 활력과 에너지에도 매우 큰 영향을 미치기 때문이다.

대부분의 여성이 수면과 심리적·신체적 에너지에 심각한 문제를 경험하는 시기가 있다. 바로 엄마로서 적응하는 시기이다. 신경학자 하울리 몽고메리-다운스는 신생아

부모는 아이가 없는 사람과 큰 차이 없이 평균 7.2시간을 자지만, 자다 깨다 반복하면서 7.2시간을 자기 때문에 아이 없는 사람과 결정적인 차이가 있다고 발표했다. 토막잠은 수면 본래의 기능을 다하지 못한다는 수면 관련 연구 결과가 있다. 불면증이 토막잠으로 나타나기도 하는데, 불면 증상을 호소하는 환자와 차이가 있다면 자고 싶어도 어쩔 수 없는 상황 때문에 자지 못한다는 것이다. 대부분의 엄마들은 아이가 어릴수록 깊은 잠을 자는 게 사실상 불가능하다.

수면 부족이 엄마에게 미치는 영향

아무리 규칙적인 생활을 해왔어도, 아이가 태어나는 날부터 규칙적인 수면 패턴은 무너진다. 낮이고 밤이고 두 시간마다 깨는 아이를 돌보다보면 인위적으로 잠을 못 자는 '수면박탈'을 경험한다. 수면박탈은 의학적으로 자아붕괴, 환각, 망상까지 경험하게 할 만큼 위험하다. 소위 아이의 수면 패턴이 어느 정도 안정되는 '100일의 기적'을 경험하더라도 아이와 같은 방에서 자는 엄마라면 결코 불편한 잠에서 자유롭지 못하다. 아이로 인해 중간 중간 깨는 것은 기본이고, 아이의 작은 신음과 소소한 기척에도 잠을 깰 수밖에 없다. 나 역시 아이들이 태어난 이후 한 가지 소망이 있다면, 아이들의 소소한 기척에도 방해받지 않고 자고 싶다는 점이다. 하지만 주 양육자로 사는 한 그런 능력은 가지기 어렵다.

수면이 부족하면 인지 기능이 저하된다. 영국의학협회 전문지 〈직업-환경의학〉에 발표된 연구에 따르면, 17~19시간 동안 잠을 자지 않은 상태는 혈중 알코올 농도 0.05인 상태보다 인식 반응의 정확성이 유의미하게 떨어지고 반응 속도는 50퍼센트까지 느려지는 것으로 나타났다.

또 수면이 부족하면 감정 조절이 어려워진다. 수면연구가 마이클 보닛은 수면 부족에 시달리는 사람은 짜증을 내는 정도가 높고, 자제력 정도는 낮다고 했다. 복잡한 감정 상태일 때 일단 잠을 자고 나면 감정이 리셋되는 경험을 누구라도 해봤을 것이다. 불쾌하고 불안한 감정이 꿈과 정보처리를 통해 정화되기 때문이다. 부족한 잠 때문에 인지

기능 저하와 감정 조절이 어려운 상태가 지속되면, 아이를 돌보는 엄마의 기본적인 역할에 지장이 있을 수밖에 없다.

지나치게 많이 자는 엄마

그렇다면 잠을 많이 자는 엄마는 바람직할까? 사람마다 적절한 수면 시간에는 차이가 있지만, 의학적으로는 평균 7시간 정도가 적절하다고 규정한다. 지금까지 설명한 것처럼 자고 싶어도 잘 수 없는 상황임에도 불구하고, 지나치게 많이 자는 엄마들도 있다. 보통 간과되기 쉽지만 그 엄마 또한 우울증일 가능성이 높다.

우울증은 수면 패턴을 극과 극으로 변화시킨다. 잠이 잘 오지 않아 수면 시간 자체가 줄어드는 경우도 있지만, 반대로 하루에 12시간 이상 잠을 자는데도 낮잠을 자며 대부분의 시간을 잠으로 보내는 경우도 있다. 잠은 육아 스트레스를 회피하기 위한 '훌륭한' 대안이기 때문이다. 이런 경우에는 아이를 제대로 양육하기 어렵다. 엄마가 낮이고 밤이고 잠만 자서는 아이의 요구를 제대로 파악하고 반응할 수 없다. 엄마가 지나치게 많은 시간을 잠으로 보내고 있다면, 육아 우울증을 먼저 의심해볼 필요가 있다.

엄마라면 충분하게 자야 한다

엄마는 적절한 시간 잠을 자야 한다. 지나치게 많이 자는 우울증이라면 적절한 치료를 받으면 된다. 하지만 잠을 충분히 잘 수 없는 보통 엄마의 삶에서 푹 잔다는 건 어쩌면 불가능할지도 모른다. 그렇기 때문에 매일은 어렵더라도 일주일에 하루이틀 정도는 아이와 다른 공간에서 충분한 수면을 취해야 한다. 단순히 엄마를 위해서가 아니라 아이를 위해서라도 필사적으로 주변 사람들의 도움을 받아야 한다.

전업주부라도 일주일에 하루이틀은 아빠가 아이를 데리고 자는 것이 필요하다. 남편이 잠을 잘 자지 못해 다음날 직장생활에 지장이 될까 봐 걱정이 된다면, 마찬가지로 엄마가 잠을 잘 자지 못해 양육에 지장이 될 수도 있다는 것을 염두에 두면 좋겠다.

엄마의 잠은 아이의 잠만큼 중요하다. 우리 아이가 조금 자서 혹은 너무 많이 자서 걱정이라면, 엄마 자신의 수면 상황부터 먼저 점검해보자.

CHAPTER 03.

나와 다른

×

내 아이와의 관계

01.

기관에 일찍 보내는 엄마

×

최대한 늦게 보내는 엄마

"다른 사람이 아닌 내 상황에 집중해 결정하고,

그 결정에 대한 내 마음을 들여다보는 일이 중요하다."

엄마 관계에선 섣불리 판단하고 조언하지 않기

엄마들끼리 원만한 관계를 위해 지켜야 하는 보편적인 규칙이 있다. 개개인의 상황을 다른 사람이 제대로 알 수 없기 때문에 섣불리 판단하고 조언하지 않아야 한다는 점이다. 특히 기관에 보내는 시기에 대해서 엄마들 생각은 분분하다. 어린이집이나 기관에 일찍 보내는 엄마를 이해하지 못하는 엄마, 최대한 늦게 보내고 싶은 엄마를 이해하지 못하는 엄마, 그들은 어떤 심리일까.

어린이집에 일찍 보내고 싶은 엄마들

워킹맘은 육아 휴직 기간이 끝나면 아이를 어린이집에 맡기곤 하지만, 전업맘도 다양한 상황과 이유로 어린이집에 의지하게 된다. 인디언 속담에 한 아이를 키우려면 온 마을이 필요하다 했을 만큼 독박육아는 힘들고 고단하다. 부모님들이 멀리 떨어져 사시거나, 또 아직 일을 하시거나, 또 건강이 좋지 않아 아이 양육을 부탁드리기 힘든 경우도 있다.

엄마들은 그런 시시콜콜한 집안 사정을 아주 친한 경우가 아니면 웬만해서는 밝히지 않는다. 사실 밝혀야 할 이유도 없다. 그렇다고 베이비시터의 도움을 받을 만큼 경제적으로 여유가 있는 것도 아니다. 정부에서 일부 지원해주는 상대적으로 저렴한 아이돌보미 서비스도 대기가 많아 쉽지 않다. 아이를 데리고 다니며 많은 것을 경험하고 놀아 주고 싶은데, 운전을 못할 경우 아이를 데리고 다니는 데도 많은 제약이 따른다. 매일 반복되는 일상과 집에 하루 종일 있으면서 따분해하는 아이와 있을 때마다 느끼는 불안감과 죄책감은, 어린이집이라는 사설기관에 의지하고 싶은 마음이 저절로 들게 한다.

최대한 늦게 보내고 싶은 엄마들

잊을 만하면 수면 위로 떠오르는 어린이집 문제는 엄마들에게 어린이집에 대한 불신을 불러일으킨다. 그나마 믿을 만하다는 생각에 국공립 어린이집만 고집하다보니 몇 년을 기다려도 순서가 오지 않는다. 그렇게 아이가 세 돌이 넘어서까지 소위 '독박육아'를 하게 된다. 더구나 세 돌 이전에는 엄마가 아이를 키워야 한다는 육아 이론에 집착해, 아무리 육아 상황이 열악해도 울며 겨자 먹기로 아이를 도맡아 키운다. 특히 자신이 어려서부터 엄마가 너무 바빴던 기억이 있고, 그렇지 않은 아이들을 부러워했던 기억은 상황이 허락되는 한 가급적 아이와 함께 있어주고 싶은 마음을 갖게 한다. 이런 엄마들은 어린 시절 기억과 맞물려 아이를 어린이집에 맡긴다는 생각만으로도 과도한 자책을 한다.

다른 사람이 아닌 내 상황에 집중해 결정하는 것

대부분의 육아 문제가 그렇지만, 특히 '처음 어린이집에 보내는 시기'는 엄마들에게 '결정 장애'를 일으키는 중요한 사안이다. 아무리 알아보고 조언을 들어도 답이 나오지 않으니 이상적인 시기와 현실의 중간 즈음에서 맞춰보기 쉽다.

하지만 아무런 기준과 고려 없이 주변 사람들의 말만 듣고 평균치를 내서 아이를 어린이집에 보내는 건 그다지 바람직하지 않다. 각자 아이에 맞게 또 양육 환경에 맞게 어린이집 보내는 시기를 결정하는 것이 좋다. 나는 아이를 어린이집에 보내는 시기를 만 2세로 타협했다. 둘째는 첫째처럼 동일하게 해주기도 힘든 상황이 되어 1년 6개월로 타협했다. 이처럼 상황은 끊임없이 변화하고, 특히 아이를 키우는 가정은 엄마 아빠의 직장 문제 등등 변수가 많다. 아이를 키우는 부모에게 주어진 숙제는 그 변화에 맞춰 적응해가는 것이다.

무엇보다 엄마의 마음을 지키는 일이 중요하다

각각의 가정마다 상황이 다르므로 언제 어린이집에 보내는 게 적절한지에 대한 정답은 없다. 어떤 선택을 해도 각각의 장단점이 있다. 선택의 기로에서 많은 고민이 된다면, 각 경우의 장단점을 따지는 것 이상으로 중요한 것이 있다. 바로 현재 상황에서 스스로의 마음이 어떤지 잘 따져보는 것이다. 어떤 결정을 하든 자신의 선택에 떳떳해야만 아이에게 조성해준 환경을 자주 바꾸지 않고 지속할 수 있다. 특히 소신을 갖고 내 상황에 맞게 결정했는데, 가치관과 생각과 상황이 다른 누군가(옆집 엄마, 친구 엄마, 시부모님, 친정부모님 등등)가 나의 결정을 이해하지 못할 때 내 마음을 지키는 일은 정말 중요하다.

사실 어린이집에 일찍 보내든 늦게 보내든 그 자체는 그리 중요하지 않다. 아이가 엄마든, 베이비시터든, 선생님이든 사랑을 충분히 받고, 자신이 사랑받을 만한 존재라는 점을 충분히 느끼는 게 가장 중요하기 때문이다.

02.

아이 혼자 놀게 두는 엄마

×

모든 걸 함께하는 엄마

"엄마와 아이 사이에서도 '관계'가 중요하다. 부부가 싸운다고 관계가 끝나지 않는 것처럼, 서로에 대한 믿음이 바탕이 된다면 싸우고 화해하기를 반복하면서 관계를 지속한다."

키즈카페에서 알아보는 양육방식

키즈카페에서 다양한 아이들을 관찰하다보면, 아이뿐 아니라 엄마 스타일도 다양하다. 아이보다 더 흥미로워하며 아이를 이리저리 이끌고 함께 노는 엄마도 있고, 아이를 자유롭게 놀게 두고 커피를 즐기는 엄마도 있다. 어떤 양육방식이 바람직한 것일까?

아이를 혼자 놀게 두는 엄마들

다은 엄마는 워낙 쿨한 성격의 소유자다. 다른 엄마들이 키즈카페에서 아이 옆에 붙어 함께 노는 모습을 보면 이해하기 힘들다. 아이가 스스로 경험하는 것이 중요하니 엄마는 멀리서 위험한 상황이 생기지 않도록 지켜주면 된다고 생각한다. 다은이가 잘 놀다가 무슨 일이 생겨 울면서 와도 침착해야 한다는 생각에 일관된 차분함으로 다은이를 대한다.

그런데 사실 다은 엄마는 아이와 함께 있을 때 어떻게 반응해야 하는지 잘 몰라 아이를 멀리서 지켜보는 쪽에 가깝다. 아이에게 엄마와의 상호작용이 중요하다고는 하는데, 상호작용을 어떻게 해주어야 하는지 도통 모르겠다. 어릴 적 친정엄마와의 상호작용을 경험하지 못했기 때문이다. 지금도 그녀는 친정엄마와 미주알고주알 모든 것을 속속들이 말할 만큼 친밀하지도 않다. 그렇다고 사이가 나쁜 것도 아니라서 큰 문제는 없다고 생각한다.

모든 걸 함께하는 엄마들

승기 엄마는 에너지가 넘치고 매사에 호기심이 많다. 승기도 다른 아이들처럼 돌이 지나 걷기 시작하면서, 집이든 밖이든 한시도 몸을 가만두지 않고 여기저기 돌아다닌다. 승기가 조심성이 있는 편이고 막무가내로 행동하는 편은 아니어서 안전사고에 대한 걱정은 크지 않지만, 아이가 무엇에 관심을 가지고 탐색하는지 항상 궁금하다.

아이가 키즈카페에서 처음 보는 장난감을 이리저리 살펴보며 놀라거나 재미있어 할 때면, 엄마도 아이가 경험하는 것을 옆에서 경험해보고 기쁘게 반응한다. 승기가 어딘가에 부딪혀서 울기라도 하면 높은 목소리 톤으로 아이를 격렬하게 위로한다. 하지만 아이에 대해 지나치게 유별나 보이는 승기 엄마는 이런 자신의 행동이 아이의 자발적인 경험을 제한하는 것은 아닌지 우려스럽다.

아이는 엄마를 탐색하며 자신을 탐색한다

아이를 혼자 두냐, 아이와 함께하냐보다 더 신경써야 할 중요한 것이 있다. 아이는 엄마 품에서 심리적 안전감을 느끼면 신체적 발달에 맞춰 이것저것 탐색하게 된다. 그리고 아이가 맨 처음 관심을 갖는 탐색의 대상은 다름 아닌 엄마다. 아이가 세상을 탐색하는 듯이 보이지만, 엄마의 반응을 먼저 탐색하고 세상을 탐색한다. 아이의 표정과 행동을 본 엄마가 아이의 내적 경험을 추정하고, 그 마음을 아이에게 표현하는 것을 통해 아이는 세상을 탐색하는 것이다.

엄마와 아이가 언어적·비언어적 의사소통을 통해 함께 주고받는 경험을 '상호주관적 경험'이라고 하는데, 이 경험을 통해 아이는 자신의 주관적 경험에 대해서도 인식하게 된다. 아이의 마음은 엄마의 마음 안에서 존재하는 것이다. 아이의 마음이 엄마의 주관적 경험 안에 존재하는 동안, 스스로에 대한 가치가 부여되고 있는 모습 그대로의 자신을 수용할 수 있다. 엄마와의 상호주관적인 경험이 없다면 아이는 주관적 경험을 할 수도 없고, 자신을 그만큼 소중하게 생각하기도 어렵다.

엄마와 아이 사이도 '관계'가 중요하다

연인이나 부부가 종종 싸운다고 관계가 끝나지 않는다. 서로에 대한 믿음이 바탕이 된다면 싸우고 화해하기를 반복하면서 관계를 지속한다. 반대로 서로에 대한 기본적인 믿음 없이는 싸우고 화해하기를 반복하다 관계가 깨지기 마련이다. 이와 마찬가지로 엄마와 아이 사이에 애착 형성이 제대로 되어 있지 않으면 상호주관적 경험이 잘되지 않는다. 오히려 아이는 엄마와 자신의 마음을 공유하는 것을 위협으로 여길 수 있다. 엄마와 어떤 경험을 공유하든 안전하다는 믿음이 없기 때문이다. 그런 상태에서 상호주관적 경험을 시도하면 오히려 수치심만 자극하는 결과를 낳는다.

상호주관적 경험은 안정적인 애착 관계를 바탕으로 해야 한다. 앞으로 살아갈 인생에서 만날 수많은 관계와 이 세상에 대한 신뢰를 가지게 하므로 안정된 애착 관계는 정말 중요하다. 그런데 애착 관계가 잘 형성되어 있어도 엄마가 아이의 모든 것을 맞춰줄 수 없다. 종종 아이와 엄마의 관계가 어쩔 수 없이 틀어지기 마련이다. 하지만 안정감이라는 애착의 기반 위에서 엄마와 아이가 상호주관적인 경험을 공유함으로써 균열을 회복하고 관계를 지속할 수 있다.

비언어적 소통이 중요하다

그렇다면 상호주관적인 경험은 어떻게 하는 것이 바람직할까? 엄마가 아이에게 정서적으로 반응하는 비언어적 소통이 특히 중요하다. 아이는 엄마를 통해 경험하는 정서적 자극의 강도와 특성의 변화를 주관적으로 느낀다. 엄마의 표정은 물론이거니와 목소리 톤, 억양, 리듬을 활력 정서라고 하는데, 아이의 활력 정서는 아이의 기분 상태에 따라 바뀌곤 한다. 엄마는 자신의 활력 정서가 아닌 아이의 활력 정서에 맞게 비언어적인 소통을 해주어야 한다. 다은 엄마처럼 아이의 활력 정서와 무관하게 늘 일관된 태도를 보이는 것보다는, 승기 엄마처럼 아이의 활력 정서에 맞춰 반응해야 밀도 있는 상호주관적 경험이 가능하다.

엄마도 엄마를 탐색한다

아이에게 상호주관적인 경험을 제공해야 한다는 엄마의 역할이 때로는 압박감으로 다가올 것이다. 하지만 엄마도 아이에게 미치는 자신의 영향을 통해 엄마로서의 자신을 발견하는 긍정적인 면이 있다. 아이와 상호주관적으로 경험하는 많은 생각과 감정은 엄마의 특권이다. 아이와의 관계 속에서 자부심, 희망, 감사, 기쁨, 공감, 만족감, 신뢰감, 애정 등을 누릴 수 있다. 이런 감정을 엄마가 경험하고 아이에게 표현함으로써 아이와 공유할 수 있다. 아이 없이 엄마 혼자서는 경험하기 어려운 것들이다. 결국 아이와의 상호주관적인 경험을 통해 엄마도 자신을 탐색할 수 있고 한 단계 성숙해질 수 있다. 이것이야말로 엄마만의 특권이 아닐까?

03.

예민한 아이를 키우는 엄마

×

순한 아이를 키우는 엄마

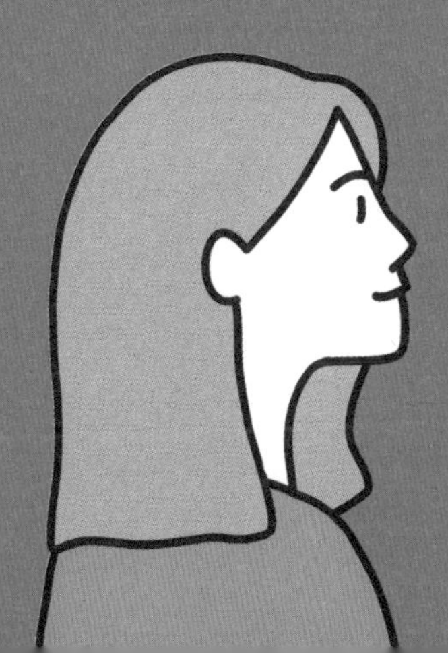

"아이가 까다롭다고 절망할 것도, 순하다고 방심할 것도 아니다. 더욱이 바꿀 수 없는 기질을 바꾸려고 노력할 필요도 없다."

아이 키우는 일은 공평한 출발선이 될 수 없다

인생은 생각보다 공평하지 않다. 나의 노력과 별개로 타고난 수많은 것들이 끊임없이 영향을 준다는 걸 우리는 살아가며 받아들이게 된다. 하지만 엄마로서 아이를 키우는 일은 누구나 공평한 출발선에 서는 듯한 착각을 불러일으킨다. 아이가 별 문제없이 잘 자라는 건 내가 양질의 양육을 했기 때문이고, 아이가 문제행동을 보이는 건 내가 양육을 잘못했기 때문이라는 식으로 생각한다.

예민한 기질의 아이를 키우는 엄마들

도윤 엄마는 다른 집 아이와 도윤이가 자꾸 비교된다. 남들은 9시만 되면 아이가 잠들어서 드라마도 보고 밀린 집안일도 한다는데, 어떻게 된 일인지 도윤이는 12시 이전에 잔 적이 거의 없다. 늦게 잤다고 밤에 푹 자는 것도 아니다. 아이가 자다 깨다를 반복해서 매일 밤 서너 번은 꼭 깬다. 도윤 엄마는 정말이지 푹 자보는 게 소원이다. 아이는 잠만 잘 못 자는 게 아니라 밥도 잘 안 먹는다. 매일매일전쟁을 치르는 기분이다. 밥을 먹일 때마다 인내심에 한계를 느끼고 온갖 스트레스를 참느라 진이 빠진다.

얼마 전 엄마들과 아이들이 키즈카페에 갔는데 다른 아이들은 자리에 앉아 혼자서 밥도 잘 먹던데, 도윤이만 먹지도 않고 안아달라고 울며 떼를 쓰는 바람에 민망해서 혼

났다. 결국 아이를 달래며 입에 밥을 넣어주며 먹이느라 엄마 신경도 덩달아 예민해졌다. 도윤이가 칭얼거리니 엄마들하고 편하게 이야기를 할 수도 없었다. 밥 잘 먹는 다른 아이들을 부러운 눈으로 바라보다 집에 오니 이런 생각이 든다.

'아무래도 내가 도윤이를 잘못 키워서 이런 거야. 앞으로 어떡하지? 애를 이 지경으로 키웠으니 너무 창피해.'

순한 기질의 아이를 키우는 엄마들

도윤이와 반대로 지호는 잘 먹고 잘 잔다. 주변 엄마들이 잘 먹고 잘 자는 순한 지호를 볼 때마다 아이가 순해서 힘도 안 들겠다고 한마디씩 거든다. 지호 엄마는 그런 말을 들을 때마다 자신이 식사와 수면 습관을 잘 들여서 그렇다는 묘한 자부심이 든다. 아이가 밤늦도록 잠을 자지 않아 힘들어하는 엄마들, 아이가 밥을 잘 안 먹어서 이유식 준비하다 하루가 다 간다는 엄마들을 만나면 그런 육아 고충이 마음으로 와 닿지 않는다.

더구나 다른 아이들은 이것저것 해달라며 떼를 쓴다는데 지호는 혼자서 장난감을 가지고 잘 논다. 엄마를 귀찮게 하거나 특별한 요구사항이 거의 없다. 지호 엄마는 아이와 함께 있으면서도 카톡으로 수다를 떠는 것은 물론, 하고 싶은 것을 대부분 할 수 있다. 심지어 최근에는 핸드폰 게임에도 흥미를 붙일 만큼 지호를 키우는 게 수월한 편이다.

아이의 기질과 엄마의 행동

도윤이처럼 사소한 자극에도 잘 울고 잘 자지도 잘 먹지도 않으며, 달래기 어려운 아이를 까다로운 아이라고 한다. 전체 아이 중 10퍼센트 정도 된다. 반면 지호처럼 웬만한 자극에도 울지 않고 잘 자고 잘 먹으며 다루기 수월한 아이는 30퍼센트 정도 된다. 그리고 25퍼센트 정도는 새로운 환경이나 자극에 마주할 때 처음에는 적응하기 어려워 잘 울고,

잘 먹지 않고, 잘 자지 않아도 점점 적응하면 순한 아이처럼 보이는 유형이다. 육아서를 살펴보면 엄마의 행동이 아이에게 미치는 영향에 대한 연구가 많이 소개되어 있는데, 최근엔 아이의 행동도 엄마의 행동에 영향을 미친다는 연구가 이루어지고 있다.

예민한 아이를 둔 엄마의 마음

부모는 아이의 욕구를 충족해줘야 한다. 그런데 까다로운 아이는 순한 아이에 비해 불안이나 공격성을 표현할 때가 많다. 더구나 예측이 불가능해 엄마 입장에서는 매번 새로운 변화에 적응해야 한다. 엄마도 사람이라서 이때 인내심의 한계를 경험한다. 아이의 까다로운 기질이 산후우울증의 위험 요인이기도 한 것이 그 이유다.

까다로운 아이의 엄마는 아이의 요구에 덜 반응하거나 부정적인 반응을 하며, 아이에게 더 통제적이며 아이와 상호작용하는 시간도 적은 편이다. 그럴 경우 아이는 애정적인 양육을 적게 받고 애착이나 정서 발달에 좋지 않은 영향을 받을 수밖에 없는 악순환에 빠진다. 더구나 까다로운 기질은 일시적인 게 아니라 성인기까지 지속될 수 있다는 연구 결과도 있다.

그렇다면 예민하고 까다로운 아이를 키우는 엄마는 어떤 마음가짐이 필요할까? 아이가 까다로우면 엄마가 더 힘들다는 연구도 있지만, 오히려 더 잘 돌본다는 연구도 있고 별 상관이 없다는 연구도 있다. 아이가 예민하면 엄마는 힘들지만 그만큼 더 민감하게 아이를 관찰하고 아이의 요구에 반응하기 때문에 더 애정적으로 아이를 돌본다는 것이다. 부정적일 수 있는 상황을 열정적인 상호작용으로 극복한다는 말이다.

순한 아이를 둔 엄마의 마음

반면 순한 아이는 규칙적인 생활 패턴을 가지고 있어 어느 정도 행동을 예측할 수 있다. 엄마가 키우는 데 수월할 수밖에 없고 성공적인 양육을 하는 듯한 만족감으로 높은 양육 효능감과 낮은 양육 스트레스를 느낀다. 하지만 엄마가 키우기 수월하다고 해서 아이가 잘 자라는 것은 아니다. 소아과 의사이자 정신분석가인 도널드 위니콧은 순한 아이가 엄마 입장에서는 키우기 수월하지만, 아이 입장에서는 비극적인 인생의 출발이 될 여지가 있다고 말했다. 까다로운 아이의 엄마가 열중해서 아이를 돌보는 것과 반대로, 민감하게 아이의 요구를 파악하지 못할 소지가 있다는 것이다.

서로 다른 기질의 아이들을 키우는 엄마는 보통 까다로운 아이에게 주의를 집중한다. "우는 아이 떡 하나 더 준다"는 옛말처럼 까다로운 아이가 항상 우선순위에 놓인다. 순한 아이는 혼자서도 알아서 잘 놀고 엄마에게 별다른 요구도 하지 않기 때문이다. 아이러니하게도 엄마를 별로 찾지 않으니 엄마는 순한 아이에게 소홀해지기 쉽다. 아이의 마음을 헤아리는 일이 적고 미세한 심경의 변화를 알아채기 힘들어 제대로 반응하지 못할 수 있다. 까다로운 아이가 우선순위이다보니 그렇지 않은 아이는 뒷전에 있을 수밖에 없다.

그렇다면 순한 아이를 키우는 엄마는 어떤 노력이 필요할까? 아이가 순하다는 이유로 그냥 내버려두면 안 된다. 순한 아이는 요구사항이 없는 게 아니라 강하게 표현하지 않을 뿐이다. 불쾌한 감정에 그리 민감하지 않기 때문이다. 그냥 내버려두면 아이는 자신이 원하는 것보다 남이 원하는 것에 민감해질 수 있다. 부모는 아이의 요구사항을 알려고 하기보다 자신의 일방적인 요구를 하기 쉽고, 그러면서 아이는 조금씩 불만이 쌓여간다. 감정적으로 순한 것이 독이 되지 않도록 엄마가 더욱 능동적으로 아이를 대해야 한다. 감정을 표현하지 않는 것에 익숙해지지 않도록, 오히려 자신의 감정을 잘 표현하도록 도와주어야 한다.

바꿀 수 있는 것과 바꿀 수 없는 것 구분하기

우리 아이가 까다롭다고 절망할 것도 아니고, 순하다고 방심할 것도 아니다. 더욱이 바꿀 수 없는 기질을 바꾸려고 할 필요도 없다. 내가 가진 성격, 남편 스타일, 경제적 상황, 직업 등 우리 인생은 바꿀 수 있는 게 생각보다 많지 않다. 아이의 기질도 바꿀 수 있는 게 아니므로 있는 모습 그대로 받아들여야 한다. 그렇다면 바꿀 수 없는 것에 신경쓰기보다 바꿀 수 있는 걸 바꾸는 건 어떨까.

엄마의 마음가짐을 바꾸자

그것은 바로 아이의 기질이 아니라 엄마의 마음가짐이다. 까다로운 아이를 키우느라 아이의 욕구 충족에만 민감해져 있다면, 그동안 소진된 엄마 자신의 욕구를 충족시키려는 마음가짐으로 균형을 맞춰야 한다.

또 순한 아이를 키우느라 아이의 욕구 인식에 둔감해져 있다면, 아이의 욕구에 좀 더 민감해지려는 마음가짐으로 균형을 맞춰야 한다. 우리 아이보다 순한 아이를 부러워할 것도, 우리 아이에게 불만을 가지거나 엄마로서 위축될 것도 아니다. 반대로 우리 아이보다 예민한 아이를 보고 내가 잘 키웠구나 어깨를 으쓱할 일도 아니다. 아이가 까다롭든 순하든 나와 독립적인 인격체라는 점을 다시 한 번 마음에 새기자.

04.

야단치는 엄마

×

칭찬하는 엄마

“야단이든 칭찬이든 어느 하나에 집착한다면 엄마 자신의
어릴 적 양육 경험과 관련된 감정을 돌아봐야 한다.”

칭찬과 야단 사이

요즘 아이들이 버릇이 없는 이유가 부모들이 야단을 치지 않고 다 받아주기 때문이라고 말하는 사람들이 많다. 사실 부모들도 그러고 싶어서라기보다는 아이의 정서를 중요하게 생각하는 사회적 분위기, 야단을 치는 것이 수치심을 유발한다는 육아전문가들의 영향이 크다. 바람직하지 않은

행동에 대해 야단치는 것보다, 바람직한 행동을 칭찬하는 게 효과적이고 정서적으로 부작용도 없다는 것이다. 하지만 칭찬도 결과를 칭찬하면 안 되고 과정을 칭찬해야 한다고 하더니, 최근에는 칭찬도 너무 자주 하지 말아야 한다고 한다. 엄마 입장에서는 도대체 어느 장단에 춤을 추란 말인가. 가끔은 야단을 쳐도 되는 건지, 칭찬이 정말 해가 되는 건지 엄마 입장에서는 참 헷갈린다.

야단치는 엄마들

아들 셋을 키우는 승윤 엄마는 다른 엄마들보다 아이들을 야단칠 일이 많다. 첫째 승윤이만 키울 때엔 안 그랬는데 둘째를 키우고 셋째까지 키우면서, 큰소리를 내지 않고서는 도저히 아이들을 통제하는 게 불가능하다. 밤마다 양치질을 해도 한 아이가 딴짓을 시작하면 덩달아 아수라장이 되고 마니 승윤이를 가장 많이 야단치게 된다. 그러다 생각해보면 야단을 치지 않는 게 불가능하지도 않았을 것 같고,

조금 덜 혼낼 수도 있었는데 싶은 후회도 든다.

하지만 다음 날 아이들을 보는 순간 여지없이 똑같은 상황이 반복된다. 그 순간에는 합리적으로 판단하기보다 무언가에 쫓기듯이 한바탕 혼을 내고, 그 이후엔 약간의 안도감마저 느껴질 때도 있다.

칭찬하는 엄마들

민서 엄마는 아이의 모든 행동에 대해 칭찬을 하다보니 칭찬을 입에 달고 산다. 민서가 밥을 한 숟가락 떠먹어도 잘했다고 칭찬, 옷장에서 옷을 꺼내와도 잘했다고 칭찬한다. 신발을 혼자 신어도 다른 친구는 혼자 못 하는데 민서는 참 잘 신는다며 칭찬한다. 집에 친구가 와서 놀 때도, 친구가 장난감을 빼앗아도 울지 않는 착한 아이라며 칭찬한다. 민서 엄마는 육아서에서 칭찬하며 키워야 한다는 말에 항상 칭찬할 거리를 찾는다. 그런데 얼마 전 어린이집 상담에서 선생님이 이런 얘기를 하는 것이었다.

"어머니, 민서가 다른 아이들에 비해 지나치게 착한 행동을 하려고 해요. 또 선생님 허락 없이는 어떤 행동도 잘 하지 않으려고 해요."

그 말에 민서 엄마는 아이를 지나치게 칭찬하며 키운 게 잘못인 것은 아닌지 걱정스러웠다.

엄마는 조련사가 아니다

아이를 키우면 어쩔 수 없이 야단을 칠 때가 있다. 일시적으로나마 효과가 있기 때문이다. 반면 아무리 칭찬을 자제해도 칭찬을 하게 될 때도 생긴다. 처음으로 변기에 쉬를 한다든지, 숟가락으로 밥을 떠먹는다든지, 처음 시작하는 행동에 보상이 주어져야 앞으로 수월한 경우가 많다.

당근과 채찍이 본성이 고집 센 당나귀를 조련할 때조차 유익하듯, 야단과 칭찬 모두 말 안 듣는 아이들의 행동을 변화시키려는 목적에서는 꽤 효과적이다. 하지만 엄마는 조련사가 아니다. 단순히 아이를 훈련시키는 존재가 아니다. 행동 변화를 목적으로 야단을 치느냐 칭찬을 하느냐 자체는 그리 중요하지 않다.

야단 잘 치는 엄마는 완벽주의 성향

야단을 자주 치면 그 이면에는 부모와 자식이 상하 관계라는 생각이 크게 자리 잡았을 소지가 있다. 일반적으로 야단을 잘 치는 엄마는 완벽주의 성향인 경우가 많다. 그 엄마의 내면에는 뿌리 깊은 수치심이 자리 잡고 있다. 어려서부터 엄마 역시 야단을 많이 맞고 자랐고, 높은 기준에 못 미치는 자기 자신을 창피하게 여기는 마음 또한 자리하고 있다. 이러한 수치심은 고통스러워서 나름대로 극복하기 위해 완벽주의 성향을 가짐으로써 스스로에게 보상을 하는 것이다.

그런데 아이를 키울 때 그게 또다시 문제가 된다. 아이가 창피하게 느껴질 때 자신 또한 창피하게 여겨지는 순간이 많기 때문이다. 아이가 조금이라도 잘못된 행동을 하면 불안해서 빨리 문제를 해결해야 할 것 같은 압박감을 느낀다. 아이가 바르게 행동하도록 야단치는 게 아니라 강압적으로라도 아이의 행동을 교정하지 않고는 내 문제인 양 불안해서 견디기 힘든 것이다.

그러다보면 다른 사람은 아이를 어떻게 볼까 과도하게 신경이 쓰이고 예민해진다. 엄마 입장에서는 어쩔 수 없이 야단을 치지만, 이후에는 심한 죄책감을 느끼고 또다시 자신이 창피하게 느껴지는 악순환이 되풀이된다. 아이 역시 야단을 맞아 수치심을 느낀다. 그나마 행동이라도 수정되면 다행인데, 엄마와 아이 사이의 갈등은 더 심해지고 아이는 문제 행동을 더 하게 된다.

칭찬하는 엄마의 마음

칭찬을 과도하게 하는 엄마의 마음을 잘 살펴보면, 이 역시 부모와 자식을 상하 관계로 여기는 경우가 많다. 칭찬은 윗사람이 아랫사람에게 하는 것이기 때문이다. 더구나 과한 칭찬의 이면에는 묘한 열등의식이 숨겨져 있다. 지나치게 아이를 칭찬하는 엄마를 보면 왠지 모르게 불편한 감정이 드는 이유다. 아이의 사소한 행동에 머리가 좋다며 능력을 칭찬하는 경우도 마찬가지다. 아이가 혼자 옷 입는 것을 두고 그렇지 않은 친구와 비교하며 칭찬하는 것은 행동을 강화하는 효과는 있지만, 비교라는 방법적 문제로 자존감 형성에 방해가 된다. 아이를 높여주기 위한 목적일지라도 비교라는 방법을 자주 쓰는 엄마는 자존감이 낮을 확률이 높다.

아이의 입장에서는 엄마의 칭찬이 그 자체로 보상이 된다. 과도한 보상에 익숙해진 아이는 자기가 하고 싶은 일을 찾기보다, 칭찬받고 인정받고 싶어서 부모가 시키는 일만 수동적으로 하고 실패할 만한 것은 안 하려고 한다. 그런 식의 착한 아이로 인정받는 동안 자신의 자연스러운 욕구와 감정을 억누르는 것에 점점 익숙해진다. 아이가 자신의 감정과 욕구를 억누르다보면 억압된 부정적 감정이 엉뚱하게 튀어나오기도 하고, 나아가 자신의 감정을 인식조차 못할 수도 있다.

먼저 아이의 독립성을 인정하자

야단이든 칭찬이든 어느 하나에 집착한다면 엄마 자신의 어릴 적 양육 경험과 관련된 감정을 돌아봐야 한다. 야단맞은 상처, 무분별한 칭찬으로 인한 압박감 등을 겪었다면 그런 자신을 위로하고 다독여야 한다. 칭찬이든 야단이든 바람직한 행동을 유도하고 문제가 되는 행동은 차단하는 것이 목적이다.

하지만 그럴수록 오히려 행동에 집중할 필요가 없다. 아이의 행동은 당장 바꿀 수 없기 때문이다. 아이 고유의 생각과 감정이라는 독립성을 인정하지 않은 상태에서 행동의 변화에만 매달린다면, 사람과 세상에 대한 신뢰감을 형성하는 엄마의 역할에서 점점 벗어나게 된다.

엄마가 아이에게 기본적인 신뢰감을 제공하기 위해서는 수평적인 관계를 맺는 것이 중요하다. 친구처럼 동등하라는 이야기도, 부모로서의 권위적인 부분을 버리라는 이야기도 아니다. 겉보기엔 친구 같은 엄마라 해도 유치하게 아이와 말싸움이나 할 뿐, 아이의 생각과 감정을 있는 그대로 존중해주지 못하는 경우가 많다.

아이를 수평적인 입장에서 존중하려면 칭찬해야 하는 타이밍에 차라리 고맙다고 하는 게 낫다. 아이의 행동에 대한 엄마의 마음을 전달하는 게 낫다는 말이다. 아무리 적절한 칭찬도 그래야만 한다는 의도가 숨겨져 있어 아이에게 또 다른 부담을 주기 쉽다.

또한 무분별하게 칭찬을 하다보면 은연중에 남과 비교하기 쉽다. 야단을 치는 것도 칭찬을 하는 것도 독립적인 인격체로 아이를 대하는 것보다는 못하다. 야단이냐 칭찬이냐가 고민된다면 먼저 아이의 독립성을 충분히 인정해보자.

05.

아이 '습관'에 집착하는 엄마

×

아이 '자유'에 집착하는 엄마

"엄마 자신이 통제를 중시하는 성향이라면 조금은 자유 쪽에 기준을 맞추고, 지나치게 자유를 중시한다면 적절한 통제의 기회를 주는 것도 필요하다."

습관이냐, 자유냐

누구나 엄마가 되자마자 최선을 다해 양육하고 싶어진다. 하지만 낮밤이 뒤바뀐 불규칙한 수면이 지속되면 몸과 마음이 지친다. 그래서 아이뿐만 아니라 엄마 자신의 신체적·심리적 안정을 위해 수면 교육에 관심을 가진다. 그리고 이유식으로 넘어가는 시기부터 식습관 형성에도 관심을 갖는다. 이 역시 궁극적으로는 아이의 신체적 건강을 위해서지만, 먹지 않으려는 아이와 심리적 대립 구도가 형성되면서 이를 해결하기 위한 목적도 꽤 크다. 그리고 거대한 벽인 배변 훈련이라는 피할 수 없는 현실에 맞닥뜨린다.

배변 훈련에 집착하는 엄마

요즘 지안 엄마는 아이의 배변 훈련 때문에 스트레스가 이만저만이 아니다. 두 돌이 넘었는데도 기저귀를 뗄 기미가 보이지 않기 때문이다. 더구나 두 돌 전부터 기저귀를 떼었다는 또래 이야기가 심심찮게 들리면 왠지 더 조바심이 났다. 다음 달이면 어린이집에 가는데, 기저귀를 떼고 보내야 선생님한테 이쁨을 받는다고 하니 마음이 더 조급해졌다.

처음에는 변기에 쉬를 하겠다고 하고서는 팬티에 쉬를 하는 아이한테 괜찮다고 말했지만, 몇 번 똑같은 상황이 반복되자 화가 치밀었다. 그래도 꾹 참고 자주 변기에 앉히는 시도를 했더니 소변은 가리지만 대변은 가릴 생각을 안

한다. 팬티를 입히면 되겠다 싶었지만 팬티에 대변을 보아 불룩 나온 걸 보면 혈압이 올라갔다. 너무 화가 나서 또 팬티에 응가를 하면 《헨젤과 그레텔》에 나오는 새엄마처럼 산에 갖다 버린다며 소리를 질렀다. 아이는 잔뜩 주눅이 들어 겁에 질린 표정으로 다시는 안 그러겠다고 했지만, 그 후로 5일째 변을 보지 못하고 있다.

배변 훈련을 전혀 안 시키는 엄마

유찬 엄마는 아이를 임신했을 때부터 육아 서적을 열심히 읽었다. 양육을 잘못해서 아이에게 안 좋은 영향을 미칠까 봐 걱정되고 불안해서다. 한번은 배변 훈련을 강압적으로 하면 아이가 수치심을 크게 경험하고 강박적 성향이 생길 수 있다는 글을 보았다. 그 후 아이의 자율성을 침해하는 강압적인 배변 훈련의 위험성에 꽂혔다. 아이가 세 돌이 되어서도 때가 되면 가리겠지 하는 마음으로 배변 훈련을 신경쓰지 않았다. 또래 친구들은 거의 다 기저귀를 떼었지만 전혀 개의치 않았다.

조금 있으면 네 돌이 되어가는 데도 아직도 기저귀를 떼지 못했다. 기다리면 다 하는 줄 알았는데 너무 태평하게 기다리기만 한 건 아닌지, 적절한 기회를 제공하지 못한 건 아닌지 미안한 마음도 든다. 갑자기 조바심이 나서 배변 훈련을 해보려 하지만 제대로 된 배변 훈련을 하지 못할까 봐 불안하다. 다른 엄마들이 아직도 기저귀를 떼지 않은 유찬이를 걱정하는 듯한 말을 할 때면, 반사적으로 다 때가 되면 가린다며 무관심한 모습을 보인다.

배변 훈련은 엄마의 능력이 아니다

지안 엄마는 배변 훈련에 지나치게 집착한다. 배변 훈련을 애써 외면한 유찬 엄마도 배변 훈련으로부터 자유롭지는 못하다. 대소변을 가리는 것은 자기 관리의 기본이고 반드시 성공해야 한다는 압박감이 든다. 그 결과로 자신이 훌륭한 엄마인지 아닌지가 판가름나는 것 같아 더욱 스트레스를 받는 것이다. 더구나 아이가 잘 따라오지 못하는 것 같으면 자신의 양육 방식에 좌절을 맛보기도 한다. 성공했을 때 성취감을 느끼고 실패했을 때 좌절을 경험하는 것은 배변 훈련뿐 아니라 아이의 모든 습관 형성에서 마찬가지다.

엄밀하게 따지면 아이는 엄마와는 별개의 존재인데, 엄마들은 자신과 자꾸 관련지어 일희일비한다. 엄마와 아이를 동일시하는 것은 아이의 습관 형성에도 좋지 않은 영향을 미친다. 아이의 습관 형성을 엄마 자신과 분리해서 생각할 수 있어야 한다. 그러기 위해서는 아이의 습관이 형성되는 의미도 알아야 하고, 이를 대하는 엄마의 태도에 대해서도 제대로 인식해야 한다.

엄마는 어떤 마음인가

아이의 습관 형성에 대한 엄마의 마음가짐은 다양하다. 이 역시 자신의 평소 성향과 관련될 수밖에 없다. 스스로를 잘 통제하고, 또 완벽주의적이고 계획적인 성향의 엄마는 어려서부터 배변 훈련을 비롯해 많은 부분에서 자유보다는 통제를 중요시하는 양육을 경험했을 가능성이 크다. 그러한 양육이 자연스럽고 당연하게 받아들여지기에 자신의 아이도 그런 스타일로 키우기 쉽다. 자유보다는 통제를 중요시하는 이면에는 아이를 엄마와 별개의 존재로 인식하지 않고 부속물로 여기는 마음이 존재한다.

하지만 아이는 엄마와는 독립적인 인격체로 엄마가 아무리 좋은 습관을 만들어주려고 해도 순순히 따라줄 수 없는 존재이다. 그럴수록 관계에 자꾸 균열이 생기고, 아이는 감정 표현이 제한되고 수치심을 경험할 소지가 많아진다.

정반대의 경우, 어릴 적 양육 경험에 대한 반동 형성에 의해 규칙이나 습관처럼 얽매이는 것을 지나치게 싫어하는 성향도 있다. 소위 자유로운 영혼의 엄마는 적절한 습관 형성의 기회를 제공해주는 것조차 아이를 구속한다고 여긴다. 하지만 그럴수록 아이는 스스로를 조절하는 자율성을 터득할 기회가 늦어진다. 언제 배변을 가릴 것인지 결정권은 아이의 손에 있지만, 그것을 발휘할 기회는 엄마가 제공해야 한다.

엄마에게 성공, 그리고 실패라는 단어는 없다

아이와 엄마는 독립적인 인격체다. 아이가 원하지 않는데 다른 사람이 말하는 습관 형성 때문에 억지로 아이의 의지와 상관없이 습관 형성을 강행하지 말아야 한다. 물론 그 결과에 집착해서도 안 된다.

사실 배변 훈련에서는 성공과 실패가 없다. 실패처럼 보이더라도 아이가 아직 준비가 안 되었을 뿐이지 엄마의 능력과는 상관이 없다. 하지만 아이를 독립적인 인격체로 완성시켜주기 위해 엄마의 적절한 도움이 필요한 것도 사실이다. 배변 훈련 과정에서 부적절한 수치심을 최소화하며 자율성을 발휘할 기회를 적당히 제공해주기 때문이다.

그런데 아무리 적당히 제공하고 싶어도 그 적당함을 판단하는 주체의 기준이 다르면 아무 소용이 없다. 양팔저울에 달아보기 전에 균형이 맞는지 0점으로 조절해야 하듯, 아이에게 적절한 습관을 형성시켜주기 위해서는 엄마에게 이미 형성된 성향을 돌아보고 그것에 맞춰 기준점을 다시 잡아야 한다.

엄마 자신이 스스로 통제를 중시하는 성향이라면 조금은 자유 쪽에 기준을 맞추고, 지나치게 자유를 중시한다면 적절한 통제의 기회를 주는 것도 필요하다. 엄마 자신의 성향을 잘 파악하는 일은 참 수고로운 과정일 수 있지만, 엄마 자신을 돌아보지 않고는 아이를 균형 있게 키울 수 없다.

06.

내 탓만 하는 엄마

×

남 탓만 하는 엄마

"공격성의 표출이 뻗어 나갈 방향은 크게 두 가지뿐이다.

자신 아니면 남. 바로 나를 탓하거나 남을 탓하는 것이다."

나는 내 탓하는 엄마인가, 남 탓하는 엄마인가

"나는 아이를 잘 못 키우는 것 같아요" "나는 엄마로서의 자격이 부족한 것 같아요" "나는 다른 엄마들보다 좀 예민해서요" 등등. 아이와 관련된 갈등 상황에서 매번 모든 것을 자신의 탓으로 돌리는 엄마들이 있다. 겸손해 보이기도 하고, 그만큼 더 좋은 엄마가 되기 위해 노력할 것처럼 보여 바람직해 보인다. 이와 반대로 "우리 애가 좀 예민해서요" "애 아빠가 아이를 오냐오냐 키워서요" "어린이집 선생님이 강압적인 것 같아서요" 하면서 아이와 관련된 문제가 드러날 때마다 모든 것을 주변 탓으로 돌리는 엄마들도 있다. 남 탓만 하니 미성숙하고 엄마답지 못하다는 생각이 들기도 하지만, 모든 걸 남의 탓으로 돌리니 엄마 자신은 마음이 좀 편할 것 같기도 하다. 매사에 자신을 탓하며 좋은 엄마가 되려고 노력하는 것과 주변을 탓하며 마음이 편해지는 것 중 당신은 어떤 타입인가?

내 탓을 하는 엄마의 괴로움

아이와 관련된 문제가 발생할 때마다 습관적으로 자신을 탓하는 엄마가 있다. 그런데 실제로는 자신의 탓이라고 생각하지 않으면서 습관처럼 그런 말을 하는 경향이 더 크다. 모든 행동에는 행동의 이유가 있고, 심리적으로 이득이 있는 경우가 많다. 자기 탓할 때 얻는 심리적 이득은 남들이 아이와 관련된 충고나 비판을 하지 못하게 원천적으로 봉쇄한다. 이런 경우 상대방은 더 이상 할 말이 없다. 직설적으로 말하면 '다 내 탓이니 더 이상 잔소리하지 마!'라는 의미다. 물론 그 이면에는 아이 문제가 자기 탓이라고 여겨질 때 느끼는 감당하기 힘든 괴로움이 숨겨져 있다.

괴로우면서도 내 탓을 할 수밖에 없는 엄마

하지만 실제로 그렇게 생각하든 아니든 자기 탓으로 돌리기를 반복하는 것은 끊임없이 양육 죄책감을 들게 한다. 이는 엄마로서의 자존감에 상처를 내는 행위로, 이런 상처로 인한 심리적 갈등을 해결하기 위해 자기도 모르게 점점 더 자신의 삶을 희생한다. 이상적인 희생하는 엄마 역할을 함으로써 얻을 수 있는 심리적 이득이 있기 때문이다. 그것은 자신의 욕구를 희생함으로써 자신이 좀 더 도덕적으로 우위에 서는 느낌을 갖는 것이다. 그래야만 비로소 자신의 존재감을 확인할 수 있기 때문이다. 희생하는 삶이 괴로우면서도, 그보다 더 괴로운 자존감의 상처를 극복하기 위해 자신의 삶을 끊임없이 희생하는 것이다.

남 탓하는 엄마의 괴로움

그렇게 보면 자신을 탓하는 것보다는 차라리 남을 탓하는 게 낫다는 생각도 든다. 그런데 허구한 날 주변만 탓하는 엄마의 이면을 잘 살펴보면, 자기 탓으로 여기는 무의식이 깔려 있는 경우가 많다. 자기 탓이라고 여기면 그로 인한 감정적인 괴로움이 너무나 크기 때문에 자신의 탓과 관련된 생각과 감정을 무의식의 깊숙한 영역에 숨겨두는 것이다. 이럴 경우 평소에는 별다른 갈등 없이 지낼 수 있지만, 아이 문제가 드러날 때마다 무의식에 꽁꽁 숨겨두었던 자책감이 수면 위로 떠오른다. 그럴 때에 임시방편으로 갈등을 해결하는 훌륭한(?) 방식은 바로 남의 탓으로 돌려버리는 것이다. 이를 전문 용어로 투사projection라고 한다. 화면을 프로텍터로 스크린에 쏘듯 자신의 마음을 다른 사람에게로 쏘아버리는 것이다.

심리적 갈등을 피하고 싶은 엄마

남 탓을 하다보면, 내 탓이라는 생각으로 인한 괴로움은 줄어든다. 하지만 이는 심리적 갈등을 피하는 것이다. 당장은 마음이 좀 덜 괴로울지 몰라도, 반복적으로 회피하면 갈등 해결이라는 더 나은 상태로 나아갈 수 있는 기회가 줄어든다. 길게 보면 내 탓일지도 모른다는 근본적인 두려움에 접근조차 못해 자기 마음과 멀어져 지내게 된다.

자연스럽게 경험하는 다른 엄마들과의 복잡 미묘한 관계에서 남 탓만 하다보면 외딴섬처럼 홀로 지내야 하는 경우도 많다. 개인과 개인이라는 관계의 측면을 넘어 엄마들 사이에서 얻을 수 있는 정보는 물론, 아이들 간의 커뮤니티 형성에 어느 정도 지장을 줄 수밖에 없다.

누군가를 탓하기 쉬운 엄마의 삶

이리저리 따져보면 엄마의 심리적 측면에서 볼 때 내 탓도 남 탓도 그다지 좋지는 않다. 그렇다면 어떤 마음가짐을 가져야 할까? 내 탓과 남 탓의 공통점은 어쨌거나 나든 남이든 누군가를 탓한다는 점이다. '탓'이란 단어를 정돈된 표현으로 바꾸면 '비난'인데, 인간의 잠재된 공격성을 표현하는 흔한 방법이다.

인간의 중요한 본성인 '공격성'은 사회화되는 과정에서 마음속 깊은 곳으로 억누른다. 하지만 엄마가 되어 몸과 마음이 힘들어지면 자아 방어체계가 흔들리고, 누군가가 조금만 불을 지피면 확 타오르고 만다.

이런 공격성의 표출이 뻗어 나갈 방향은 크게 두 가지뿐이다. 자신, 아니면 남이다. 나를 탓하거나 남을 탓하는 것이다. 둘 다 공격성이라는 근원이 같기 때문에 항상 자기 탓을 하던 사람이 한순간에 남을 탓하기도 하고, 남만 탓하던 사람이 한순간에 돌변해서 자기 탓을 한다.

내 탓도 남 탓도 관계에 악영향을 미친다

엄마의 삶에는 안타까운 일이 참 많다. 엄마와 아이 모두 힘든 상황에서 엄마가 그게 아이 때문인가, 나 때문인가 따지는 것에 집착하는 경우가 그렇다. 확실한 것은 누구 탓인지 그 결과와 상관없이 아이와의 관계에 악영향을 미친다. 어디 그뿐인가. 다른 엄마와의 관계에서도 아이들 간에 문제가 생겼을 때, 그 문제가 우리 아이 때문인가, 다른 아이 때문인가에 집착하는 경우도 많다. 이 역시 결과와 상관없이 엄마들과의 관계에 악영향을 미친다.

먼저 나를 돌보는 일

결과에 별다른 차이가 없다면 누구 때문에 이런 상황이 벌어졌는지 판단하는 일은 중요하지 않을 수 있다. 자신이든 남이든 누군가의 탓으로 돌리는 행위의 이면을 잘 살펴보면, 대부분 엄마가 느끼는 심리적 갈등을 일시적으로 해결하기 위한 경우가 많다. 한마디로 갈등 상황에서 좀 더 마음이 편해지는 쪽을 택하는 것이다.

남을 탓하면 그 순간만큼은 내 마음이 면죄부를 얻은 듯 편해지고, 내 탓을 하면 고해성사하는 마음처럼 편해진다. 하지만 둘 다 언 발에 오줌 누기 격이다. 이 일이 누구 때문에 일어났는지 따지는 것에 집착하기보다는 차라리 그런 것에 집착하는 자신의 마음을 한 번 더 바라보는 게 낫다.

탓, 비난, 분노, 공격성이 표출되는 기회가 많다는 것은 그만큼 자아 방어기제가 약해졌다는 뜻이고, 그만큼 자신의 마음을 잘 관리해야 한다는 신호다. 그럴수록 몸과 마음이 지친 엄마 자신을 돌보기 위해 애쓰자.

CHAPTER 04.

엄마로 사는

나와의
관계

01.

자신에게 집중하는 엄마

×

아이에게 올인하는 엄마

“일이든 취미든 자기계발을 하든, 아이와 상관없이
엄마 자신의 존재감을 찾을 수 있는 활동은 필요하다.
그래야만 엄마는 물론 아이도 행복할 수 있다.”

정체성을 유지하는 프랑스 엄마들

우리나라 엄마들 사이에서 프랑스 육아법이 이슈가 된 적이 있다. 프랑스 육아법에서 가장 눈에 띄는 것은 엄마들이 출산하고 3개월 안에 원래 체중으로 돌아가는 것을 목표로 식사를 조절한다는 것이다. 그래서 프랑스에선 아이를 낳은 여성과 그렇지 않은 여성을 외모만으로 구분하기는 어렵다고 한다. 엄마가 되더라도 엄마라는 정체성이 추가될 뿐, 자신의 정체성은 그대로 유지하는 것이다. 우리 가치관으로 보면 아이를 방치하는 것이 아니냐고 생각할 수도 있지만, 실제로 프랑스 아이들을 보면 차분하게 잘 자란다. 엄마가 자신에 대한 관심의 끈을 놓지 않고 관리하며 평상심을 유지하기 때문이다.

반면 우리는 전통적으로 엄마를 100퍼센트 희생하는 존재로 여긴다. 출산 후 일을 그만두는 것을 좋은 엄마의 덕목처럼 여기고, 엄마가 자기 삶을 누리려고 하는 것 자체를 터부시한다. 그래서 아이가 잘 자라면 다행인데 오히려 아이는 의존적인 성격으로 자라기 쉽고, 엄마는 아이를 다 키운 뒤에 빈둥지증후군으로 심리적 갈등을 경험한다.

아이는 뒷전인 세련된 엄마

지우 엄마는 누가 봐도 신세대 엄마다. 고등학교를 졸업하고 얼마 되지 않아 혼전 임신을 하면서 결혼했고, 곧바로 지우를 낳았다. 친구들은 아직 대학생인 친구도 있고 대부분은 사회초년생이다. 그녀는 엄마가 되기 위한 아무런 준비도 되어 있지 않은 상태에서 덜컥 임신을 하는 바람에 멋모르고 애를 낳았다. 지우 엄마는 낳기만 하면 모성애가 저절로 생기는 줄 알았는데 그게 아니었다. 아이가 너무 예쁘고 한시도 아이에게서 눈을 뗄 수 없는 경험을 하지 못했다. 모유수유도 젖이 잘 돌지 않아 한 달 정도 겨우 먹였을 뿐이다.

그렇다고 아이가 너무 밉거나 아이한테 해를 끼칠 만큼 염려되는 산후우울증이 있는 것은 아니었다. 하루 종일 아이 옆에 붙어서 24시간 아이한테 묶여 있는 것이 부담스러울 뿐이다. 자신을 철저히 희생하면서 한 아이를 책임져야 하는 엄마의 역할이 너무나 힘에 겹다.

다른 엄마들은 자신의 물건보다 아이 물건에만 관심이 간다는데, 지우 엄마는 인터넷으로 자기 옷을 더 자주 산다. 보통은 아이 때문에 친구들을 잘 못 만나는 경우가 많은데, 지우 엄마에겐 그것도 예외적인 일이다. 친구들이 만나자고 연락이 오면 만사 제쳐놓고 지우를 친정엄마한테 맡기고 외출한다. 때로는 새벽까지 클럽에서 술 마시며 놀다 들어온다. 친구들과 어울려 싱글의 삶을 누릴 때마다 그녀는 숨통이 트이고 살아 있다는 생각이 든다. 지우 엄마의 삶에서 아이는 뒷전인 것처럼 보인다.

아이가 인생의 전부인 엄마들

시현 엄마는 시현이가 인생의 전부며 아이밖에 없다. 그녀의 삶에서 최우선순위는 시현이다. 자기 옷은 동네 쇼핑센터 매대에서 1만~2만 원짜리를 겨우 사면서도, 아이 옷은 백화점에서 가격 불문하고 가장 예쁜 것을 고른다. 그러니 시현이는 유치원에서도 옷 잘 입는 아이로 소문이 났다. 그녀의 하루 일과는 아침에 아이를 유치원에 보내고 나서 아이가 좋아하는 음식을 간식부터 저녁까지 챙기는 것이다. 주변에서 웬만한 건 사다 먹이라고 하지만, 유기농 매장에 가서 가장 좋은 재료를 사다 직접 음식을 만들어야만 마음이 편하다. 설사 외식을 해도 아이가 좋아하는 음식이 최우선이다.

아이 친구 엄마들이 오전에 요가를 다니자고 했지만, 시현이 엄마는 그마저도 시간을 낼 수 없다. 이따금씩 다른 엄마들이 저녁에 맥주 한잔하자며 나오라고 해도 절대 나가지 않는다. 매일 아이 영어 공부도 봐줘야 하고 동화책도 읽어줘야 하기 때문이다.

시현 엄마는 자신의 욕구라는 게 없는 사람처럼 보인다. 설사 어떤 욕구를 느껴도 아이가 좀 더 클 때까지는 그래서는 안 된다고 생각한다. 아이가 예쁜 옷을 입고, 자신이 해준 음식을 맛있게 먹고, 함께 동화책을 읽는 것이 세상에서 가장 행복하기 때문이다. 아이가 크고 나면 더 이상 이런 시간을 누릴 수 없을 거라고, 또 시현이를 낳지 않았다면 어떻게 살았을까 끔찍했다.

아이는 뒷전일 때도 앞전일 때도 있다

지우 엄마처럼 아이가 늘 뒷전인 엄마는 나쁜 엄마고, 시현 엄마처럼 아이가 늘 앞전인 엄마는 좋은 엄마일까? 아이는 엄마의 뒷전이어서도 안 되고 엄마의 앞전에만 있어서도 안 된다. 아이는 엄마와 독립적인 존재로 때에 따라서는 앞전이 될 수도 있고 뒷전이 될 수도 있다. 그런데 서로 독립적인 존재라는 게 머리로는 이해되지만 마음으로는 받아들이기 힘들다. 엄마들이 아이를 독립적으로 바라보고 대하는 게 쉽지 않다.

지우 엄마의 행동을 보면 나쁜 엄마처럼 여겨지고 아이를 철저히 자신과 분리한 것처럼 보이지만, 그 이면을 살펴보면 절대 그렇지 않다. 지우 엄마야말로 아이를 책임져야 한다는 심리적 부담감 때문에 회피 방어기제로 오히려 아이를 더 멀리하는 것이다.

자신과 아이를 동일시하는 엄마

시현이 엄마는 1년 365일 시현이를 위해 살고 자신의 모든 것을 헌신하기 때문에 좋은 엄마처럼 보인다. 온전히 아이만을 위해 살기 때문에 자신의 삶은 없어진 것일까? 아니다. 사실 시현이 엄마는 시현이의 몸을 통해 자신의 삶을 살고 있다. 엄마가 되면 아이와 엄마 자신의 욕구가 상충되는 순간이 자주 온다. 그때마다 아이와 자신 중에 하나를 선택해야 할 것 같은 심리적 갈등이 생긴다. 시현 엄마는 이를 해결하기 위해 의식적으로 자신의 존재 자체를 잊어버리고, 아이의 존재를 부각시킨다.

그런데 아무리 그렇게 해도 무의식 안에 자신의 존재와 욕구가 없어진 것은 아니다. 그녀는 그런 무의식의 갈등을 해결하기 위해 아이와 자신을 동일시하는 것이다. 아이의 욕구를 충족시키는 것이 자신의 욕구를 충족시키는 것이기 때문이다. 이렇게 아이와 자신을 동일시하면 아이는 엄마로부터 독립적인 인격체가 될 수 없다.

엄마의 역할과 상관없는
나를 찾는 일

아기가 엄마의 자궁에서 세상으로 나와 탯줄이 끊어지는 순간 아기는 엄마와 신체적으로는 분리된다. 하지만 아이가 신생아일 때는 엄마와 한몸일 만큼 심리적으로는 동일한 인격체다. 그렇다고는 해도 길어야 2~3년이면 엄마가 보이지 않아도 어딘가에 존재하고, 내가 찾으면 만날 수 있다는 대상항상성이 생기면서 엄마와 떨어져 있으면 불안해하는 분리불안이 해결된다. 시간이 흐르면서 심리적으로 엄마와 분리할 수 있는 능력이 생긴다.

그런데 문제는 정작 엄마 자신이 아이를 독립적인 인격체로 여기지 않는다는 것이다. 앞서 언급한 시현 엄마처럼 아이한테 자신의 모든 것을 걸고 집착하고 올인한다. 그렇다고 이 엄마를 무조건 비난할 수만도 없다. 아이를 독립적으로 대하려고 해도 그게 잘 되지 않기 때문이다.

이럴 경우 아이가 아닌 자기 자신과의 관계에서 해결책을 찾아야 한다. 엄마의 역할을 하더라도 자신의 존재감을 잃어서는 안 된다. 그렇다고 애를 낳자마자 무조건 다시 직장으로 나가거나 새로운 일을 찾으라는 말이 아니다. 일이든 취미든 자기계발을 하든, 아이와 상관없이 자신의 존재감을 찾을 수 있는 활동이 필요하다. 그래야만 엄마 자신은 물론 아이도 행복할 수 있다.

02.

‘성’적으로 자유로운 엄마

×

‘성’적으로 보수적인 엄마

"엄마가 되어서도 자신의 성적 욕구를 무시해서는 안 된다.
시선이나 고정관념 때문에 소극적인 태도로 욕구를
억누르지 말고 자연스럽게 표현하는 것이 필요하다."

엄마들에게 성性이란?

성폭력 이슈들로 인해 어려서부터 성교육의 필요성이 대두되고 있다. 성교육에서 가장 중요한 것은 성을 소중히 여기는 부모의 가치관이다. 윗세대보다 자유로운 성문화를 경험했으면서도, 엄마가 된 후로 성에 대해 오히려 편협한 시각을 가지게 되는 경우가 많다. 임신과 출산, 영유아 양육 시기를 거치며 각방과 섹스리스가 정착되기도 하고, 성과 관련된 진지한 대화를 나누기 원하는 남편의 마음을 알면서도 외면하기도 한다. 엄마들에게 성은 그다지 중요하지 않은 것일까?

'성'에 자유로운 엄마

연애 시절부터 '성'적으로 적극적이었던 재준 엄마. 재준 아빠와 연애를 할 때도 남성다움에 이끌렸다고 해야 할까. 이 사람은 평생 남자로서 날 만족시켜줄 거라는 생각에 결혼을 결정한 측면도 있다. 그녀에게 결혼이란 남의 눈치 안 보고 맘껏 부부관계를 할 수 있다는 것을 의미했다. 신혼여행을 떠날 때도 그런 기대감에 한껏 부풀어 있었다. 뭔가 애로틱하고 로맨틱한 시간이 될 거라는 그런 기대감 말이다. 그런데 남편이 신혼여행을 가는 날부터 몸살이 났다. 결혼이라는 큰일을 앞두고 지나치게 긴장한 탓인지 에너자이저 같은 모습은 온데간데없고 어찌나 엄살을 떠는지 그

모습을 보는 순간 꼴도 보기 싫고 실망스러웠다.

이후로 부부싸움을 할 때마다 신혼여행의 일을 두고 두고 말했다. 그런데 문제는 그때뿐만 아니라 지금까지 계속 이어진다는 것이다. 남자는 결혼 전과 결혼 후가 다르다고 하는데, 이런 경우를 말하는 것일까. 너무 속상할 때는 속았다는 생각에 억울함마저 든다. 이렇게 남편이 있으면서도 과부 아닌 과부로 평생을 살아야 한다고 생각하면 땅이 꺼질 만큼 한숨만 나오고 우울해진다.

사실 재준이를 임신한 것도 기적에 가까웠다. 가뭄에 콩 나듯 어쩌다 한 번 했는데 임신이 되고 말았다. 그녀는 아이를 일찍 재우고 섹시한 속옷도 입어보고 야한 영화도 함께 봤지만 남편은 좀처럼 반응이 없다. 그저 피곤하다는 말만 입에 달고 사니 그런 남편한테 들이댈 수도 없고 마음만 뒤숭숭하다. 이제는 그런 남편의 반응에 무안해서 치사하다는 생각마저 든다. 인터넷 카페에 가보면 자신과 정반대의 고민을 하는 엄마들도 많던데, 자신이 이상한 걸까 생각만 많아졌다.

성적 욕구가 없는 엄마들

여자는 결혼을 하는 날이 첫경험이어야 한다고 굳게 믿었던 준민 엄마는 결혼 날짜를 잡고 나서도 남편과의 관계를 거부했다. 결혼을 하고 허니문베이비로 준민이를 임신하고 나서는, 태아에게 좋지 않다는 이유로 또다시 잠자리를 피했다. 그런데 아이가 어느 정도 커서도 도무지 성적 욕구가 생기지 않는 것이다.

물론 매일매일 아이 뒤치다꺼리하다보면 몸도 마음도 여유가 없긴 하지만, 남편이 몸을 슬쩍 건드리기만 해도 기분이 확 나빠졌다. 때로는 이게 정상인가 싶을 만큼 관계가 소름이 돋고 징그럽게만 느껴졌다. 그나마 남편이 막무가내로 관계를 요구하지 않아 다행이었다.

한편 드라마에서 자신과 같은 아내를 둔 남편이 외도하는 내용을 보면, 혹시 우리 남편도 딴 여자가 있어서 그런 게 아닌가 하는 불안감도 든다. 성적 욕구가 없는 자신이 정말 비정상인 건지 매일 밤 생각이 많아졌다.

성욕은 다양하고 변화무쌍하다

성욕은 모든 인간이 기본적으로 느끼는 감정이다. 개인마다 차이는 있지만 여성이 남성보다 그 차이가 훨씬 크다. 또 개인 안에서도 성적 욕구는 매우 유동적이다. 변별 이론 differential theory에 따르면 성욕 변화는 여성이 남성보다 크다고 한다. 문화, 사회, 상황에 따라 영향을 받는다.

재민 엄마처럼 성적으로 전혀 관심이 없던 사람이 갑자기 적극적으로 돌변하는 경우도 있다. 오르가슴도 마찬가지다. 남성은 일생 동안 비교적 일관성 있게 성행위 중 오르가슴을 경험하지만, 여성은 상황에 따라 그 빈도가 매우 다르다. 이를 기복이 심하다고 표현할 수도 있지만, 좋게 말하면 적응력이나 가소성이 뛰어나다고 할 수 있다.

남성과 다른 여성의 성

일반적으로 우리가 알고 있는 것처럼 남성의 성적 충동은 육체적인 필요에 의해 시작되고 감정적인 필요가 동반된다. 반면 여성은 감정적 필요에 의해 출발해서 육체적 필요가 충족되는 과정을 거친다. 남성은 주로 시각에 의해 자극을 받지만 여성은 촉각, 청각, 미각, 후각 등 다양한 영향을 받는다. 남성은 성관계의 횟수에 관심이 많지만, 여성은 분위기와 과정을 중시한다.

그런데 이런 것보다 더 중요한 차이점이 있다. 여성의 성욕은 자신의 신체 및 정서 상태와 더욱 밀접하게 관련되어 있어 그때그때 성적으로 느끼는 강도가 다르다는 점이다. 신체적으로 피로한 상태에서는 당연히 성적 욕구가 줄어든다. 또한 정신적으로 극심한 스트레스에 시달릴 때도 성기능에 장애가 올 수 있다. 성욕 저하, 성 각성 장애, 오르가슴 장애, 성교 통증 등 성기능 장애를 가진 여성이 우울과 불안 등 스트레스 성향이 높다는 조사 결과도 그러한 사실을 뒷받침한다.

더구나 만족스럽지 못한 성생활은 그 자체가 삶에서 커다란 스트레스로 작용하니 이래저래 악순환이 거듭된다. 세계보건기구WHO는 여자들의 삶의 질을 평가하는 가장 중요한 척도로 성적 건강을 인정하고 있다. 이는 단순한 성적 욕구를 뜻하는 것이 아니라 육체적, 정신적, 감성적, 사회적 측면을 모두 포괄하는 개념이다. 성기능 장애는 미국에서도 유병률이 40퍼센트 이상인데, 우리나라에서는 정확한 조사 결과는 없지만 이와 비슷하거나 좀 더 높을 것으로 예상한다.

엄마들에게 중요한 성생활

인간에게 성은 기본적인 욕구다. 엄마도 엄마이기 전에 한 인간으로 성적인 욕구가 있다. 건강한 성생활은 심신의 피로를 해소하고 마음의 안정과 휴식을 주며 생체리듬을 촉진하는 기능도 한다. 특히 부부간에는 결코 소홀히 해서는 안 되는 중요한 부분이다. 서로에 대한 사랑을 확인하고 유대감을 강화시키는 활력소가 되기 때문이다. 부부싸움은 칼로 물 베기라는 말도 이런 이유에서 나왔다.

최근에는 우리나라 부부 절반 이상이 성기능 장애로

고민하고 있다는 보고가 있다. 성과 관련된 심리적 요인은 성기능 장애가 커다란 요인으로 작용하고 있다. 성적 억압이 심해지면 다른 형태로 분출하기 마련이고, 대표적인 증세가 바로 공격성이다. 노처녀 히스테리라는 표현 역시 성적 억압을 공격성으로 표현한다는 것을 의미한다. 노골적인 옷차림을 입으면서 남자들이 자신의 성적 매력에만 관심을 가진다는 식의 투사 형태로 나타나기도 한다.

우월한 부분을 잘 활용하자

부부간에 성관계가 좋지 않으면 그 결과가 가장 흔하게는 외도로 나타난다. 기혼 여성의 절반 이상이 외도를 생각해 보았다는 보고가 있다. 대부분의 부부가 성적으로 만족하지 못해서다. 보다 구체적인 원인으로는 임신의 두려움, 전희의 부족, 피곤함, 남편의 조루, 육아 등으로 인한 방해 등이었다. 현재 부부관계에 만족한다면 문제가 없지만, 자신의 성적 욕구를 무시해서는 안 된다. 소극적인 태도로 자신의 욕구를 억누르지 말고 자연스럽게 표현하는 것이 필요하다.

여성이 우월하다고 볼 수 있는 성에 대한 적응력과 가소성을 무기로 남편을 다스리는 데 이용해보는 것은 어떨까. 극단적으로 들릴 수도 있지만 부부관계가 행복한 결혼생활을 좌우하는 결정적인 열쇠가 될 수 있다. 더 나아가 밝고 건강한 좋은 엄마가 되기 위한 필수 조건이 될 수도 있다.

03.

꿈을 이루지 못한 엄마

×

꿈을 이룬 엄마

"육아와 일 중 하나를 선택하려는 정답 없는 고민을 하기보다
육아도 일도 자신에게 소중하다는 점을 충분히 인지하고,
심적 갈등을 인정하고 받아들이는 게 좋다."

지쳐 있는 어른 엄마의 삶

요즘 아이들은 별로 어른이 되고 싶어 하지 않는다. 가장 가까운 어른인 부모의 모습을 보면, 삶이 별로 즐거워 보이지 않기 때문이다. 사실 부모의 삶은 늘 지쳐 있을 때가 많다. 체력적으로도 지칠 때가 많지만, 삶에 낙이 없는 모습을 아이 앞에서 보이게 될 때가 많다. 그 이유가 무엇일까?

꿈을 이루지 못한 엄마들의 마음

꿈을 이루지 못하고 엄마가 되었거나, '취집'이라는 말처럼 꿈을 결혼과 바꾼 경우, 꿈에서만큼은 일단 한 번 죽은 거나 다름없다. 엄마도 사람이기 때문에 당연히 우울할 수밖에 없다. 그런 우울감을 극복하기 위해 반동형성이라는 방어기제를 이용해 이전과는 정반대로 자신을 높이 평가하려고 한다. 이를 '반우울적 나르시즘'이라고 한다.

가만 생각해보면 엄마가 자기 자신을 높게 평가하기란 쉽지 않다. 그래서 아이를 자신과 동일시하고, 마치 아이가 자신인 양 아이를 높이 평가한다. 아이와 자신을 동일시하는 것 자체도 큰 문제지만, 알게 모르게 자신이 이루지 못한 꿈을 아이를 통해 이루려는 시도를 한다는 점이 더 큰 문제다.

엄마가 된 나는 이미 한 번 죽었고, 두 번 죽기는 싫으니 자식 된 네가 날 살려줘야 한다는 식이다. 물론 이 모든 것은 무의식의 과정이기에 자신은 의식하지 못한다. 엄마의 그런 절박함은 충분히 공감받을 만하지만 그만큼 아이는 점점 힘들어진다. 아이도 하나의 인격체이기 때문이다.

아이가 어릴 때는 엄마의 말과 행동에 대해 논리적으로 생각하거나 대응하는 능력이 떨어지지만, 머리가 커지면서 엄마에 대해 점점 분노가 쌓이게 된다. 약자인 아이 입장에서는 엄마에게 대놓고 말할 수는 없더라도, 마음속으로는 엄마도 그렇게 대단한 사람도 아니면서 자식인 나한테만 왜 이러냐며 불만을 갖는다. 그렇게 차츰차츰 엄마와 자식 간의 관계가 어긋나기 시작한다.

꿈을 이룬 엄마들의 마음

그렇다면 꿈을 이룬 엄마는 아이를 완벽하게 잘 키울까? 엄마 역할이 참 복잡하고 어려워서 자신의 꿈을 완벽에 가깝게 이루었다고 해도, 아이에게 미치는 부정적인 영향에서는 자유로울 수 없다. 앞서 설명한 경우처럼 두 번 죽기 싫은 절박함은 없을지 모르지만, 아이가 보여주는 많은 미흡한 부분을 감싸 안을 수 있는 관용에는 인색해지기 쉽다.

아이에게 직접적으로 표현하지는 않더라도 '난 이렇게 열심히 노력해서 이런 것을 이뤘는데, 넌 이래서 꿈을 이룰 수 있겠니?'라는 마인드가 기본으로 깔린다. 그러면 아이는 좌절하거나 실패했을 때 엄마의 공감을 받아야 함에도 너무 완벽해 보이는 엄마한테 결코 공감받지 못할 거라며 예단한다. 누가 봐도 사회적으로 인정받은 지위에 있는 부모의 아이들이 그 압박감으로 인해 오히려 웬만큼도 못하는 경우가 종종 있는 이유다.

아이가 바라보는 엄마

이런 관점에서 보면 세상의 모든 엄마들은 아이를 생각하며 늘 걱정만 해야 할 것 같다. 하지만 시각을 조금 달리해 보면, 엄마로 살고 있는 지금 이 순간 꿈을 이루었든 이루지 못했든 그 자체는 별로 중요하지 않다. 엄마라는 이름은 아이와의 관계에서만 국한되기 때문이다. 아이 입장에서는 그저 내 마음을 잘 알아주고, 엄마 나름의 방법으로 마음의 갈등을 해결해주면 그게 가장 좋은 엄마이다.

인간은 죽을 때까지 꿈을 좇는 존재라고 한다. 내가 진정으로 원하는 삶의 모습이 무엇인지 정확하게 파악하고, 그것을 향해 한 발짝씩 다가가려고 노력하면 된다. 자신의 인생에 대해 어떤 태도를 갖고 어떤 마음가짐으로 행동하는지는 꿈을 이룬 것보다 더 중요하다. 그런 태도는 마음에 여유를 주기에 아이 마음을 잘 수용하는 데에도 큰 도움이 된다.

꿈은 이루지 못했어도 자신은 사랑할 수 있다

'나도 한때는 꿈이 있었는데… 결혼만 하지 않았으면 지금쯤 내가 원하는 일을 하고 있을 텐데….'

꿈을 이루지 못한 엄마가 느끼는 소위 '두 번 죽을까 봐 불안한 마음'은 뭐라 형언하기 힘들 만큼 괴롭다. 하지만 이 괴로움은 엄마가 느끼는 자연스러운 감정이다. 이런 감정이 자주 든다면 불편한 감정을 피하지 말고 있는 그대로 인정하고 받아들이는 것이 바람직하다.

잘 따져보면 꿈을 이루지 못한 사람보다 훨씬 더 안타까운 사람이 있다. 그것은 자신의 모습을 있는 그대로 받아들이지 못하고 사랑하지 않는 사람이다. 자신을 사랑하지 않는 엄마는 아이도 사랑할 수 없다. 그리고 자신이 이루지 못한 성취감을 아이에게 은연중에 강요한다. 그럴수록 아이와 관계가 나빠지는 것은 불을 보듯 뻔하다.

내 아이도 나와 똑같아야 하는 건 아니다

꿈을 이룰 만큼 도전적이고 성취감이 높은 엄마는 자신을 바라보는 것보다 좀 더 높은 기준에서 아이를 대할 수 있다. 아이의 모습을 있는 그대로 받아들이지 못하고 높은 잣대로 바라보는 것만큼 아이의 입장에서 억울한 일은 없다. 이런 태도는 고스란히 아이의 자존감에 영향을 미친다. 내가 꿈을 이뤘다고 아이도 꿈을 이루어야 한다는 당위성은 없다.

아이가 꿈을 이루는 것보다 중요한 것은 아이 스스로 자신의 꿈이 무엇인지 알고 찾는 것이다. 특히 사회적으로 성공한 커리어우먼으로 살다가 육아로 잠시 휴직했고 그것이 지속되고 있다면, 그 자체만으로 또 다른 심리적 갈등을 일으킬 가능성이 높다.

아이를 돌보는 일이 세상 무엇과도 바꿀 수 없는 가치 있는 일이라며 스스로를 위로하지만, 마음 한구석에는 성취에 대한 아쉬움이 남아 있다. 그럴 때는 육아와 일 중 하나를 선택하려는 정답 없는 고민을 하기보다, 육아도 일도 자신에게 소중하다는 점을 충분히 인지하고 심적 갈등을 인정하고 받아들이는 게 좋다.

지금까지 자신이 살아온 삶을 찬찬히 살펴보고, 앞으로 새롭게 이루고 싶은 꿈이 무엇인지 생각해보는 것이다. 아이에게 부모가 줄 수 있는 가장 큰 선물은 꿈을 찾아 나아가는 삶이 아닐까.

04.

일하는 엄마

×

일하지 않는 엄마

"엄마도 사람이기에 모든 것에 완벽할 수 없다.
엄마가 양육 스트레스를 잘 관리하는 것이야말로
좋은 엄마가 되는 유일한 방법이다."

서로 배타적인 엄마들

우리 주변에는 다양한 엄마들의 모임이 있지만, 언제 어디서나 자연스럽게 형성되는 대립 구도가 있다. 바로 워킹맘 대 전업맘이다. 상대측에게 대놓고 말하지는 않지만 엄마들의 커뮤니티에 올라온 글을 보면 "전업맘이 어린이집 종일반에 보내는 건 이해가 안 되네요." "솔직히 워킹맘은 우리 모임에 안 왔으면 좋겠어요" 등 서로에 대해 배타적인 것을 엿볼 수 있다. 시어머니들조차 "손주는 어린이집 보내 놓고 우리 아들 고생해서 돈 번으로 밥이나 먹으러 다니면서 수다나 떤다" "변변치 않은 직장 다니면서 몇 푼이나 번다고 애를 나한테 맡기는지 속이 터진다"며 며느리들을 전업 며느리와 일하는 며느리로 구분해 이야기한다.

일하는 엄마는 '아이'에게 집착한다

직장에 다니는 효원 엄마는 일을 그만둘까 진지하게 고민하고 있다. 출산 휴가가 3개월뿐이고 육아 휴직도 현실적으로 어려운 상황이다. 그런데다 양가의 도움을 받을 수 있는 처지도 아니어서 아이를 4개월 때부터 어린이집에 보내고 있다. 일 끝나기가 무섭게 어린이집으로 달려가 아이를 찾아 허둥지둥 저녁을 해먹이고, 퇴근한 남편의 밥을 챙기고 아이와 놀다보면 정작 자신은 끼니도 거른다. 효원이를 재우고 대충 밥을 챙겨 먹고 밀린 집안일을 하다보면 12시가 넘는다. 효원 엄마는 근래에 친구를 만난 지가 언제인지도 까마득하다. 마음 편하게 그 흔한 카페에서 여유 있게 커피 한 잔 마시지도 못한다. 그럼에도 아이가 크는 모습을 바라보면 없던 힘도 생겨날 만큼 아이 키우는 일이 꽤 보람찼다.

그런데 아이가 두 돌이 다 되어가는 데도 엄마 아빠만 겨우 할 뿐 좀처럼 말문이 터지지 않는 것이다. 효원이보다 어린 어린이집 동생이 말을 제법 잘하는 것을 보면 속상하고 걱정스러운 마음이 컸다. '역시 아이는 엄마가 키워야 하는 걸까. 효원이보다 어린데도 말 잘하는 걸 보면 아이 엄마가 전업주부라서 그런 거야' 하는 생각이 들었고 그때마다 심각하게 퇴직을 고려했다. 이렇게 뼈빠지게 고생한다고 부귀영화를 누리는 것도 아니고, 이렇게 살면 뭐 하나 싶은 생각이 하루에도 열두 번씩 든다.

일 안 하는 엄마는 '일'에 집착한다

중학교 선생님인 은우 엄마는 육아 휴직 중이다. 다른 직업에 비해 비교적 선택의 폭이 넓어 육아 휴직을 2년간 내고 은우를 키우고 있다. 그런데 복직을 한 학기 당길까 고민 중이다. 때로는 '나는 모성애가 부족한가. 아이를 돌보는 게 너무 힘들어. 차라리 학교에 나가는 게 편하겠어' 하는 생각도 든다. 물론 내 자식이니 아이는 예쁜데, 아이 키우는 일이 생각보다 힘들고 어려웠다. 보통 엄마들이 말하는 것처럼 아이가 커가는 게 대견하거나 보람이 느껴지지 않았다. 또다시 학교에 나가 아이들을 가르치는 게 지금보다 즐거울 것 같다는 생각을 자주 한다.

그녀는 책임감도 강하고 교사로서의 사명감도 커서 학생들은 물론 동료들에게도 인정을 받았다. 그래서 아이를 키우면서 인정 못 받는 느낌이 들면 정말 괴로웠던 것이다. 솔직히 일이 다시 하고 싶다기보다 하루 종일 아이 돌보는 삶을 그만하고 싶은 마음이 크다. 복직한 동료들과 연락을 하면 나도 그런 삶을 살았지 하는 생각이 들면서, 아이만 바라보고 사는 현재의 삶이 비현실적으로 여겨진다.

서로 남의 떡이 커 보인다

일을 하는 엄마도 일을 안 하는 엄마도 억울하기는 마찬가지다. 주변의 시선은 물론이거니와 스스로 생각해도 일을 해도 엄마 탓, 일을 안 해도 엄마 탓이기 때문이다. 아이가 기대만큼 따라주지 못하면 엄마가 안 키워서 그런 게 아닌가? 또는 엄마가 잘못 키워서 그런 건 아닌가 생각이 든다. 지금까지 나름대로 열심히 그 역할을 했지만 돌아오는 건 아이한테 미안한 감정과 죄책감뿐이다.

이런 억울한 마음을 가지고 남을 보면 자연스레 남의 떡이 커 보이기 마련이다. 내가 일을 했더라면, 내가 일을 하지 않았더라면 지금의 모습과는 달랐을 것 같다. 그런데 워킹맘이든 전업맘이든 엄마이기 때문에 힘든 건 마찬가지다. 더구나 잘 따져보면 일을 하지 않는 엄마는 없다. 전업맘도 육아와 가사라는 일을 하기 때문이다. 워킹맘이 전업맘의 야무진 살림 능력을 부러워하는 것도, 전업맘이 워킹맘의 일하고 돈 버는 능력을 부러워하는 것도 결국 스스로에게 위축된 영역이기 때문이다.

자신의 상황을 긍정적으로 활용하는 지혜

워킹맘과 전업맘의 대립 구도에서 가장 불꽃 튀는 주제는 아이에게 미치는 영향이다. 하지만 사실 각자의 주장은 별다른 의미가 없다. 미국 국립 아동보건 인간개발연구소에서 1300명 아이들을 대상으로 한 연구 결과를 보면, 아이가 어떻게 성장하느냐는 누가 돌보냐보다 어떤 분위기의 가정에서 자라느냐에 달려 있다고 한다. 워킹맘이든 전업맘이든 그 자체가 아이에게 미치는 영향이 생각보다 크지 않다는 말이다. 아이와 많은 시간을 함께하느냐 그렇지 않냐보다 더 중요한 것은, 엄마가 좋은 가정 분위기를 마련하는 것이다.

워킹맘이든 전업맘이든 분위기 좋은 단란한 가정을 일구는 일은 어렵다. 그것은 엄마가 자신의 스트레스를 얼마나 잘 조절할 수 있는지에 달려 있다. 엄마가 아이와 함께 있어서 스트레스를 받을 수도 있고, 아이와 떨어져 있어서 스트레스를 받을 수도 있다. 그렇다면 사고를 전환해보면 어떨까. 워킹맘은 아이와 떨어져 있는 시간이 많아서 좋고, 전업맘은 아이와 함께하는 시간이 많아서 좋은 것이다. 각자의 상황에서 자신의 현실을 긍정적으로 받아들이고, 그것을 활용하는 지혜가 필요하다.

워킹맘이든 전업맘이든 양육 스트레스를 잘 관리하기

좋은 엄마가 되느냐, 그렇지 않느냐는 엄마 자신이 양육 스트레스를 잘 조절하느냐에 달려 있다. 실수하기 쉬운 것이 흔히 우리의 생각과 달리 스트레스를 조절한다는 것은 스트레스 상황을 잘 참고 견뎌내는 것을 의미하지 않는다. 평소 스트레스를 과하게 유발할 만큼 오버페이스를 하지 않도록 자신의 페이스를 잘 조절하는 것을 의미한다. 일반적으로 여성은 남성과 달리 직장, 육아, 가사 갈등에서 문제를 중심으로 대처하기보다는 회피와 부정이라는 대처 방식을 사용한다. 심리적으로 억압되기 때문에 결과적으로 심리적으로 더욱 취약해진다.

특히 한국 여성은 심리적 어려움을 겉으로 드러내는 것을 부정적으로 여기는 유교 문화로 인해 자신의 속마음을 끊임없이 숨긴다. 그러다보면 스스로 인식하는 것 자체가 어려워진다. 결국 심리적 어려움을 신체적인 면에 국한시켜버리는 신체화 양상이 두드러지게 나타난다. 두통, 소화불량 등을 비롯해 이유 없이 몸이 여기저기 쑤시고 아픈 것으로 표현된다.

그래서 워킹맘이든 전업맘이든 실제로는 오버페이스를 하고 있으면서도 그런 모습을 당연하게 받아들이곤 한다. 소위 슈퍼우먼 신드롬을 겪는 것이다. 하지만 자신의 페이스를 잘 조절하기 위해서는 '거절과 부탁'에 익숙해야 한다. 엄마도 사람이기에 모든 것에 완벽할 수 없다. 엄마가 양육 스트레스를 잘 관리하는 것이야말로 좋은 엄마가 되는 유일한 방법이다.

05.

'부부' 사이가 나쁜 엄마

×

'부녀' 사이가 나쁜 엄마

"무의식 안으로 숨겨놓은 아버지에 대한 기억,
그리고 그로 인한 심리적 갈등이 남편과의 관계를
통해 의식으로 드러난다."

부부관계로 인한 심리적 갈등

아이를 키우다보면 이전과 다른 부부관계를 경험하게 된다. 부부가 아닌 아이를 중심에 둘 수밖에 없어 서로에 대해 소홀해지며 오해도 쌓인다. 그때 오래된 갈등 해결 패턴이 무의식적으로 나오고 서로에게 실망하게 된다. 아이를 키워야 하니 부부관계로 인한 심리적 갈등을 우선 덮어둔

다. 하지만 나도 모르게 아이에게까지 영향을 주게 되는 것을 발견하고는 무력감에 빠지기도 한다. 이 복잡한 마음을 어떻게 들여다봐야 할까?

'부부' 사이가 나쁜 엄마

서윤 엄마는 남편과 사이가 좋지 않다. 내가 왜 이런 남자와 결혼해서 이 고생을 하나 싶어 매일 후회한다. 서윤 아빠는 가정적이기는커녕 사회생활이라는 명목으로 집에 일찍 들어오는 법이 없다. 결혼 전에도 술을 좋아했지만 이 정도로 매일 술을 마실 줄은 꿈에도 생각하지 못했다. 심지어 술에 취해 새벽에 들어와 술주정을 하다 아내에게 손찌검까지 했다. 남편한테 맞은 날 서윤 엄마는 이상하게도 눈물이 한 방울도 나오지 않을 만큼 멍한 느낌이었다. 남편은 다음 날 잘못했다고 빌었지만 용서가 되지 않았다. 맞은 것 자체보다도, 남편에겐 내가 그 정도로 하찮은 존재인가 하는 자괴감이 들었다. 친정엄마에게 말하고 싶었지만 아이를 위해, 또 엄마가 속상해 할까 봐 참았다. 사실 서윤 아빠와 결혼하겠다고 할 때 친한 친구들이 한사코 말렸다. 당시에는 그 말이 귀에 들어오지 않았다. 이 남자가 운명처럼 느껴졌고 뭔가에 홀린 듯이 서둘러 결혼했다.

'부녀' 사이가 나쁜 엄마

서윤 엄마는 어렸을 때 친정아버지에 대한 기억이 좋지 않다. 아버지는 늘 무뚝뚝했고 단 한 번도 딸을 따뜻하게 대한 적이 없었다. 약주를 좋아하는 아버지는 집에 들어오면 엄마한테 시비를 걸고 툭하면 술주정을 했다. 초등학교 5학년 때인가, 엄마와 싸우던 아버지가 불같이 화를 내다 엄마 머리채를 잡고 바닥에 내동댕이친 적도 있었다. 순간 엄마는 딸에게 도움을 청하는 눈빛을 보냈지만, 아버지가 너무 무서워서 그만 방으로 도망치고 말았다.

그날 이후 엄마는 왠지 모르게 감정이 없는 사람처럼 행동했고, 서윤 엄마는 엄마를 지켜주지 못했다는 죄책감에 사로잡혔다. 그 후로 아버지에게는 자신의 마음을 그대로 보이면 안 된다는 생각을 했다. 적당한 심리적 거리를 두며 생활하다 어른이 되었고, 다른 친구들보다 일찍 결혼하게 된 것이다. 어쩌면 결혼을 서둘렀던 것도 친정 부모로부터 빨리 벗어나고 싶어서인지도 모른다. 그렇게 결혼하고 가정을 꾸리면서 아버지의 영향에서 완전히 벗어났다고 생각했다.

그런데 지금 그 옛날 아버지를 마주하는 것처럼 남편과 똑같은 관계가 반복된다고 생각하자 소름 끼치도록 자신이 싫었다. 내 인생은 왜 이렇게 꼬이는 것일까 싶은 자괴감마저 든다.

고통스럽더라도 익숙한 것을 반복하는 사람들

서윤 엄마처럼 성장과정에서 아버지와 좋지 않은 관계가 부부 사이에도 이어지는 경우가 많다. 보통 사람들은 선택의 갈림길에서 고통을 줄이는 방향을 택하는데, 이를 프로이트는 '쾌락 원칙'이라고 했다. 하지만 프로이트는 〈쾌락 원리를 넘어서〉라는 논문을 통해 '반복 강박'이라는 용어를 사용함으로써 예외를 언급했다. 사람은 고통스러운 상황을 피하는 게 아니라 오히려 반복하고자 하는 충동을 느낀다는 것이다.

아이들이 경험한 트라우마를 놀이를 통해 재현하는 것도, 자신에게 고통을 주었던 애인과 헤어지고 나서도 또다시 그 남자와 비슷한 애인을 선택하는 것도 '반복 강박'이라는 개념으로 해석할 수 있다.

사람들은 왜 그런 선택을 하는 것일까? 이는 '안전지대'라는 개념으로 설명할 수 있다. 새로운 것보다는 고통스럽더라도 익숙한 것을 선호하는 게 사람의 묘한 심리이다. 어릴 적 경험한 아빠로 인한 심리적 갈등에 익숙한 사람은 역시 아빠와 비슷한 남자를 선택함으로써 부부관계에서도 비슷한 심리적 갈등을 지속하는 것이다.

아버지를 거부한 딸은 남편도 거부한다

서윤 엄마처럼 어릴 시절부터 아버지와의 관계에서 심리적 갈등을 크게 경험했다면 남편과의 관계 역시 그와 비슷한 경우가 많다. '반복 강박'은 무의식의 과정이기 때문이다. 남편을 자기도 모르게 심리적으로 거부하게 된다.

그렇다고 남편과의 관계를 개선하기 위해 의식적으로 노력하는 것은 별로 도움이 안 된다. 너무 괴로웠기 때문에 무의식 안으로 숨겨놓은 아버지에 대한 기억, 그리고 그로 인한 심리적 갈등이 남편과의 관계를 통해 의식으로 드러난 것이기 때문이다. 객관적으로는 대수롭지 않은 남편의 언행이 무의식을 건드려 과민하게 반응하는 것이다. 이런 과민반응이 반복되면 남편과의 관계가 점점 멀어지는 것은 어쩌면 당연하다.

남편을 거부한 엄마는 아이도 거부한다

대부분의 엄마는 남편과 관계가 틀어질 경우 관계를 개선하려는 노력을 할 마음의 여유조차 없다. 오히려 부부관계에서 채워지지 않는 정서적 결핍을 아이와의 관계에서 충족하려고 노력한다. 하지만 심리적 결핍에 대한 보상으로 하는 행동은 균형을 잃어 원하는 대로 되지 않는다는 게 문제다. 이미 어릴 적 아버지와의 관계에서 결핍을 경험했는데, 남편과의 관계에서도 똑같은 결핍을 경험하면 소위 '두 번 죽은' 것이나 다름없다.

그런데 아이와의 관계에서까지 결핍이 반복된다는 것은 '세 번 죽는' 것이기에 생각조차 하기 싫을 만큼 괴롭다. 불안한 만큼 관계에 더욱 집착할 수밖에 없다. 하지만 아이와의 정서적 교감에 집착하다보면 엄마의 불리불안으로 이어진다. 또 심리적으로 조금은 거리를 두고 독립적인 인격체로서 성장해야 하는 시기가 되면, 아이에게는 압박으로 다가오기도 한다. 아이는 도망가고 엄마는 쫓아가고, 아이는 또다시 도망가는 악순환이 거듭되고 만다.

아버지의 행동을 아이에게 반복하게 된다

현재 남편과 관계가 좋지 않을 경우 아이와의 관계만은 잘 형성하고 싶은 게 엄마의 마음일 것이다. 하지만 아이러니하게도 그런 마음과 정반대로 행동하는 게 엄마가 가진 또 다른 무의식의 작용이다. 어릴 적 경험한 아버지와 관련된 감정과 기억이 괴로울수록, 아버지에 대한 기억을 떠올리기 싫을 만큼 공포스럽다. 나를 공격했던 사람에 대한 공포심은 아무리 마음을 다스려도 쉽게 극복되지 않는다.

이런 상황에서 흔히 선택하는 것이 '공격자와의 동일시'라는 과정이다. 어떤 대상이 너무 무서우면 스스로가 그 대상을 동일시해서 그 역할을 하면 두려움에서 잠시 벗어날 수 있기 때문이다. 아이들이 괴물 놀이와 병원 놀이를 하는 것과 마찬가지다. 이런 식으로 공격자와의 동일시 과정을 통해 내가 그토록 싫어했던 아버지이지만, 그토록 무섭기 때문에 아버지와 비슷한 역할을 선택하게 된다. 내가 경험했던 어릴 적 아버지의 언행을 나도 모르게 내 아이에게 반복하는 것이다.

관계 개선에 왕도는 없다

이런 식으로 뭔지 모르게 내 자신도 마음에 들지 않고 지금 상황도 너무 힘들다면, 남편과의 관계를 회복하고 내 아이와의 관계를 위해서라도 아버지로 인한 심리적 갈등을 해결하기 위해 노력해야 한다. 어릴 적 자신에게 상처를 준 아버지를 억지로 용서하라는 게 아니다. 어설프게 아버지와 성급하게 화해를 하라는 것도 아니다. 자기도 모르게 남편과 아이에게 튀어나오는 무의식적인 행동을 발견하면 바로 그때가 기회다.

그럴 때마다 피하거나 덮어버리고 싶은 마음이 우선할 것이다. 하지만 이럴 때일수록 무의식을 성찰할 기회로 삼고, 조금씩 숨겨놓고 외면했던 감정에 대한 기억을 들여다봐야 한다. 이는 남편과 아이와의 관계를 극복하기 위해 반드시 필요한 과정이다. 관계 개선에는 왕도가 없다. 더딘 것 같아도 근원에 내재한 해결되지 않은 갈등을 잘 살펴보고 이해하는 것이 남편과 아이와의 관계 개선의 근본적인 방법이다.

06.

친정엄마와 싸우는 엄마

×

친정엄마와 밀착된 엄마

"엄마가 되면 어쩔 수 없이 친정엄마와의 관계를
돌아보게 된다. 그 과정이 괴롭더라도 직면해야 한다."

적당히 가까운 친정엄마와의 관계

엄마와 딸은 세상에 둘도 없는 친구이자 이 세상에서 가장 밀접한 관계다. 때로는 그 돈독함 때문에 상처를 주기도 하고, 또 다른 사람은 절대 줄 수 없는 힐링을 제공하기도 한다. 《엄마와 딸》의 저자 폴린 페리는 "사랑하든 미워하든 존중하든 거부하든 엄마는 우리가 처음 경험하는 여성성이며, 우리가 최초로 관찰하는 역할 모델이다"라고 말했다. 나 역시 상담할 때 여성 내담자인 경우에는 특히 더 엄마와의 관계를 잘 들여다보려고 노력한다. 그 안에 내담자의 심리를 보다 근본적으로 이해하는 데 도움이 될 만한 많은 내용이 있어서다. 이처럼 돈독한 모녀관계는 '육아'를 두고 더욱 복잡해진다.

친정엄마와 싸우는 엄마들

주아 엄마는 전업맘이다. 친정엄마가 가까이 살아서 특별히 부탁하지 않아도 자주 주아를 돌봐주신다. 결혼 전에도 엄마와 자주 다투는 편이었지만, 아이를 맡기고 나서는 사이가 더 나빠졌다. 전문가의 책을 통해 근거 있는 육아관을 정립하려는 자신과 달리, 친정엄마는 전통적인 육아 방법을 고수하기 때문이다. 친정엄마는 날씨가 조금만 선선해도 따뜻하게 키워야 한다며 아이가 갑갑해할 만큼 옷을 두세 겹씩 입힌다. 그럴 때마다 엄마는 옷을 벗기고 할머니는 옷을 입히는 웃지 못할 해프닝이 벌어진다.

최근에는 주아가 자기 주장이 강해지면서 엄마의 통제를 벗어나는 경우가 많아졌다. 그럴 때 주아 엄마는 아이를 따끔하게 혼내는데, 문제는 주아가 엄마는 밉고 외할머니만 좋다고 말하면서 외할머니를 방패막이로 이용하는 것이다. 그럴 때 오냐오냐 아이의 응석을 다 받아주는 친정엄마가 얼마나 야속한지 모른다.

하루는 친정엄마에게 주아를 맡기고 남편과 영화를 보고 왔는데, 친정엄마의 표정이 영 좋지 않아 보여 마음이 내내 불편했다. 주아 엄마는 아이 보는 게 내키지 않으면 처음부터 갔다오라는 말을 하지 말지, 애도 아니고 불편한 표정만 지으니 생각할수록 짜증이 났다. 나중에 알고 보니 둘만 외식을 한 게 못마땅했던 것이다. 차라리 터놓고 밖에서 밥을 먹자고 했으면 그렇게 했을 텐데, 친정엄마지만 속내를 알 수 없으니 짜증스럽다.

결국 주아 엄마는 친정엄마와 최대한 부딪히지 않는 게 낫겠다는 생각이 들었다. 친정엄마가 주아를 보러 오지 않았으면 싶은 마음도 크다. 엄마가 오면 몸은 좀 편할지 몰라도 마음은 그 이상으로 불편하기 때문이다. 이제 육아 휴직이 끝나 복직을 해야 하는데, 친정엄마는 주아를 돌봐주겠다고 하지만 다른 방법을 고민하고 있다. 괜히 애를 맡겼다가 친정엄마와 사이만 더 나빠질 것 같고, 그것이 스트레스가 되어 주아에게도 좋지 않은 영향을 미칠 것 같아서다.

친정엄마와 밀착된 엄마

혜지 엄마는 직장에 다닌다. 가까이 사는 친정엄마가 혜지를 봐주신다. 혜지 엄마는 친정엄마가 없으면 어떻게 직장을 다녔을까 싶은 마음에 항상 고마운 마음이다. 주변에서 아무리 친정엄마라도 용돈을 드려야 한다고 해서 조금 챙겨드리는 하지만 넉넉하게 드리지 못해 늘 죄송하다. 그래서 명절이나 생일에는 건강에 좋은 건강기능식품을 사다드리곤 한다. 또 근무 시간에 최대한 효율적으로 업무를 처리해 퇴근 시간만큼은 지키려고 노력한다.

주변 엄마들의 얘기를 들어보면, 아이를 친정에 맡기

면 친정엄마와 사이가 틀어지기 쉽다던데 혜지 엄마는 그렇지 않아 자신은 다행이라고 생각했다. 친정엄마한테 너무 죄송해서 베이비시터한테 아이를 맡긴 적도 있었지만, 신경쓸 게 너무 많았다. 간혹 야근이라도 할라치면 눈치를 얼마나 주는지 그런 상전이 없었다. 퇴근해서 집에 갈 때마다 어찌나 불평불만이 많은지, 베이비시터 눈치를 보느라 더 스트레스를 받을 지경이었다.

그런데 자기 새끼라고 아무리 힘들어도 아무런 내색 없이 아이를 사랑으로 돌봐주는 친정엄마가 있으니 친정엄마에게 그저 감사할 뿐이다. 무엇보다 혜지를 키워보니 친정엄마한테 새삼 고마운 마음도 든다. 우리 엄마도 이렇게 힘들게 날 키웠겠지 하는 생각이 들어서다.

그런데 혜지 없이 친정엄마와 단둘이 있을 때마다 왠지 모르게 어색하고 불편하다. 그 이유가 뭘까 생각해봐도 잘 모르겠다. 엄마의 성격이 차분하고 말수도 많지 않아 그런 걸까? 그런데 잘 생각해보면 어려서부터 친정엄마가 아이들한테 살갑게 말을 건네는 스타일은 아니었다. 사람들을 대할 때도 수다스럽다기보다 그냥 좋은 사람이었다. 그래서 미주알고주알 수다를 떨거나 엄마랑 쇼핑을 다니거나 붙어다닌 적도 없다. 생각해보면 친정엄마와 싸울 일도 없었고, 대들거나 갈등이 있던 적이 없었다. 그래서일까. 친정엄마하고 하루가 멀다 하고 매일 싸운다는 친구들을 보면 '엄마랑 왜 저렇게 싸우는 거지? 싸울 일이 뭐가 있을까?' 하는 생각이 든다. 마음 한편으로는 그렇게 싸울 수 있는 관계가 부럽기도 했다. 이 세상에 내가 느끼는 것을 아무런 여과 없이 그대로 내보일 수 있는 사람이 친정엄마 말고 또 있을까?

아이를 키우면 친정엄마를 다시 보게 된다

엄마가 되고 아이를 키우면 친정엄마를 이해하는 폭이 넓어지기도 하지만, 반대로 설명하기 힘든 복잡한 감정으로 괴롭기도 하다. 나도 모르게 어릴 적 친정엄마로부터 경험한 좋지 않은 기억이 떠오를 수도 있다. 분명 다른 일로 스트레스를 받았는데도 친정엄마한테 느닷없이 "그때 나한테 왜 그런 거야?" 하면서 감정이 폭발하기도 한다. 그럴 때 딸의 마음을 있는 그대로 받아주는 친정엄마는 드물다. 오히려 무턱대고 '엄마 탓'을 하는 딸에게 또다시 해서는 안 되는 말로 상처를 준다. "너 같은 딸이 나올 줄 알았으면 내가 애를 낳았겠니!"라며 되받아치는 친정엄마를 더욱 미워하기도 한다.

반면 혜지 엄마처럼 '나랑 우리 엄마는 왜 이렇게 무덤덤할까? 내가 이상한가?' 하는 생각을 하면서 그동안 엄마랑 특별한 문제없이 잘 지내온 것 같지만, 그렇다고 다른 모녀들처럼 밀접하지 못한 엄마와의 관계를 되짚어보기도 한다. 아이를 키우면서 자신도 모르게 친정엄마와의 관계를 돌아보는 것이다.

심리적으로 분리가 쉽지 않은 모녀관계

결혼을 하면서 새로운 가정을 꾸리고 엄마가 되었지만 많은 엄마들이 기존의 모녀관계에서 벗어나기기를 어려워한다. 딸은 심리적으로 엄마로부터 분리되기가 참 힘들기 때문이다. 지긋지긋한 엄마로부터 벗어나기 위한 유일한 돌파구처럼 결혼을 했지만, 아이를 혼자 키우기 버거워 울며 겨자 먹기로 다시 엄마한테 의지하고 만다.

친정엄마가 깔끔한 성격으로 청소는 물론 음식까지 다 해주니 편하고 좋기는 한데, 그에 따른 대가가 만만치 않다. 집안 꼴이 이게 뭐냐는 잔소리는 애교에 가깝다. 현관문에 들어서는 순간부터 거실에 널려 있는 장난감으로 잔소리가 시작된다. 살림은 제대로 안 하면서 물건만 사댄다고 면박을 주다가, 그러니까 돈도 못 모은다는 듣지 않아도 될 말까지 듣게 된다.

주아 엄마의 친정엄마는 전형적인 가부장적인 남편과 평생을 살았다. 딸은 어려서부터 엄마의 고충을 보고 들으면서 컸다. 어릴 때는 제대로 알지 못했지만 마음 한편에는 아빠한테 항상 기가 죽어지내는 엄마한테 답답한 마음도 컸다. 하지만 자신도 아빠와 크게 다르지 않은 성격의 남편과 결혼했고, 엄마처럼 살고 있는 자신을 볼 때마다 짜증이 치솟고 화가 났다. 어쩌면 그게 엄마와 싸우는 근본 원인일지도 모른다.

반면 혜지 엄마는 친정엄마에 대한 복잡한 감정을 별로 경험하지 못했다. 어려서부터 엄마가 편하기보다는 조심스러웠지만, 그것 때문에 문제가 되거나 갈등을 일으킨 적은 없었다. 그래서 친정엄마한테 모든 것을 쏟아내는 다른 엄마들을 보면 부러운 마음도 든다. 그만큼 다른 모녀관계는 모든 것을 쏟아내고 받아주는 진짜 편한 관계로 보이기 때문이다. 그리고 혜지 엄마 역시 자신의 딸과 밀접하고 돈독한 관계를 만들지 못하고 있다. 아이와 상호작용을 하는 게 남들보다 훨씬 어려워서 은연중에 서둘러 직장에 복귀한 면도 없지 않다.

내가 경험한 모녀관계를 그대로 반복한다

자신이 어릴 때 경험한 모녀관계에 직면하는 것은 감정적으로 괴로운 일이다. 그렇다고 그 관계를 생각나게 하는 친정엄마를 피하는 것만도 능사는 아니다. 차라리 친정엄마와의 관계를 통해 어려서 경험한 친정엄마와의 관계를 돌아봐야 한다. 그리고 아이의 입장에서 엄마인 내 모습을 예상할 수 있어야 한다. 나와 친정엄마와의 관계가 나와 아이와의 관계에서 그대로 반복될 소지가 크기 때문이다.

어릴 때 엄마가 지나친 학구열을 보이며 나를 통해 대리만족을 하고자 했다면, 나 역시 지금 아이에게 그런 모습을 보일 수 있다. 일거수일투족을 감시하고 사사건건 잔소리하는 엄마가 너무 지긋지긋했는데, 나도 우리 딸한테 그런 행동을 하고 있을 가능성이 크다. 감정에 따라 비일관적으로 대하는 엄마의 폭언 때문에 힘들었는데, 나도 모르게 딸한테 감정적으로 폭언을 반복하고 있을지도 모른다. 아이를 어떻게 대해야 할지 어색하다면, 내가 어릴 적 경험한 모녀관계를 그대로 반복하고 있는지도 모른다.

엄마와의 심리적 탯줄을 자르자

친정엄마로 인한 심리적 갈등만큼 스트레스를 받고 삶에 많은 영향을 주는 것이 또 있을까. 차라리 친구라면 무시하면 되지만 모녀관계는 그것도 안 된다. 근본적인 내 자신에 대한 자존감에 영향을 주고 아이와 부부와의 관계, 나아가 모든 인간관계에 영향을 주기 마련이다.

엄마가 되면 어쩔 수 없이 친정엄마와의 관계를 돌아보게 된다. 그 과정이 괴롭더라도 피하지 말고 직면해야 한다. 친정엄마를 이해하고 용서하기 위해서가 아니다. 나를 이해하고 우리 아이를 이해하기 위해서다.

그러기 위해서는 100퍼센트 주관적으로 친정엄마를 볼 수 있어야 한다. 상대적 약자였기에 억눌러야 했던 엄마에 대한 서운함, 미움, 분노, 미안함, 억울함 등의 감정을 엄마의 딸이라는 필터 없이 날것 그대로의 내 감정을 재경험해야 한다. 그다음에는 여전히 나를 붙들고 있는 엄마로부터의 심리적인 탯줄을 잘라내야 한다. 내가 엄마의 분신이 아니듯 엄마도 나의 분신이 아니다. '엄마가 이해해줄 거야.

이 정도는 해줄 거야'라는 기대도 어찌 보면 엄마를 자신과 동일시하는 것이다.

엄마와의 심리적 탯줄을 스스로 끊을 수 있어야만 나와 연결된 우리 아이와의 탯줄도 끊을 수 있다. 그것이 나의 행복과 아이의 행복을 위한 일이다.

엄마 딸로서의 부담감을 내려놓고 진솔한 내 감정을 정리할 수 있을 때, 비로소 엄마를 편하게 바라보고 대할 수 있다. 아이러니하게도 나 자신을 먼저 돌아볼 때 오히려 엄마를 더 편하게 대할 수 있다.

엄마들만 아는 세계

초판 1쇄 인쇄 2021년 4월 15일
초판 1쇄 발행 2021년 4월 22일

지은이 정우열

펴낸이 박세현
펴낸곳 서랍의 날씨

기획 편집 윤수진 김상희
디자인 이새봄
마케팅 전창열

주소 (우)14557 경기도 부천시 부천로 198번길 18, 202동 1104호
전화 070-8821-4312 | **팩스** 02-6008-4318
이메일 fandombooks@naver.com
블로그 http://blog.naver.com/fandombooks

출판등록 2009년 7월 9일(제2018-000046호)

ISBN 979-11-6169-158-9 (03590)

서랍의날씨는 팬덤북스의 가정/육아, 에세이 브랜드입니다.